AF839236

Die Lokomotivantriebe bei Einphasenwechselstrom

Eine Untersuchung über Zusammenhänge von Motordimensionierung, Getriebeanordnung und Grenzleistung bei Einphasen-Vollbahnlokomotiven

von

Dr.-Ing. Engelbert Wist
o. ö. Professor an der Technischen Hochschule
Wien

Mit 48 Textabbildungen

Springer-Verlag Berlin Heidelberg GmbH 1925

ISBN 978-3-662-32356-4 ISBN 978-3-662-33183-5 (eBook)
DOI 10.1007/978-3-662-33183-5

Alle Rechte, insbesondere das der Übersetzung
in fremde Sprachen, vorbehalten.

Vorwort.

Im vorliegenden Buch wird die Antriebsfrage der elektrischen Vollbahnlokomotiven nicht nur von der theoretischen Seite, sondern auch von praktischen Gesichtspunkten aus erörtert. Dem Verfasser kommen hierbei seine reichen praktischen Erfahrungen zugute, die er viele Jahre hindurch bei den verschiedensten elektrischen Voll- und Kleinbahnen des In- und Auslandes Gelegenheit hatte sich zu erwerben. Da zusammenhängende Darstellungen über Motorberechnung und Getriebeanordnungen der elektrischen Lokomotiven in der Literatur bisher noch nicht gebracht worden sind, so hofft der Verfasser mit diesem Buch nicht nur dem Lokomotivkonstrukteur, sondern auch dem Betriebsingenieur manche Anregung zu geben und die noch nicht völlig geklärte Antriebsfrage der Vollbahnlokomotiven ihrer Lösung näherzubringen.

Den theoretischen Teil des Buches und die nomographische Darstellungsweise hat der Verfasser von seiner Dissertationsarbeit übernommen und weiter ausgebaut. Die zahlreichen Angaben, Zeichnungen und Abbildungen über die praktisch ausgeführten Lokomotivantriebe und Motoren, die jeder Antriebsart beigefügt sind, verdankt der Verfasser dem freundlichen Entgegenkommen der staatlichen Behörden und Firmen. Insbesondere sei der Dank ausgesprochen: dem Eisenbahnzentralamt in Berlin, der Zweigstelle Bayern des Reichsverkehrsministeriums, der Allgemeinen Elektrizitätsgesellschaft, der Allmänna Svenska El.-A.-B., den Bergmann El.-Werken, der Brown Boveri Co. Mannheim, der General Electric Co. Schenectady, den Maffei-Schwartzkopf-Werken, der Firma Oerlikon, den Siemens-Schuckert-Werken und der S. A. Sécheron.

Berlin, im Herbst 1924.

Dr.-Ing. **E. Wist.**

Inhaltsverzeichnis.

I. Einleitung.

Die Bauart einer elektrischen Lokomotive wird im wesentlichen durch den Antriebsmotor und das Getriebe bestimmt.

Bei näherer Betrachtung der ausgeführten elektrischen Lokomotiven zeigt sich, daß bei einer Gruppe jede Achse für sich angetrieben ist und bei einer anderen Gruppe die Achsen untereinander gekuppelt sind, so daß in gewisser Hinsicht einerseits eine Ähnlichkeit mit dem Antrieb des Straßenbahnwagens und andererseits mit dem der Dampflokomotive festgestellt werden kann.

Für den einwandfreien Gang der elektrischen Lokomotive ist aber nicht nur erforderlich, den Motor und das Getriebe technisch einwandfrei auszuführen, sondern von noch größerer Wichtigkeit ist die Erkenntnis der wechselseitigen Beziehungen zwischen Motorbemessung und Getriebe, der jetzt erst mehr Beachtung geschenkt wird.

Die Ausführung von so verschiedenen Bauarten zur Erreichung des gleichen Zieles und die anfänglich geringe Beachtung der vorerwähnten Beziehungen liegt in der Entwicklung dieses verhältnismäßig noch jungen Zweiges der Elektrotechnik begründet. Die elektrische Lokomotive besteht aus einem mechanischen und einem elektrischen Teil. Bei den ersten Ausführungen wurden diese Teile unabhängig voneinander entworfen und ausgeführt. Den Elektroingenieuren, welche die ersten Einphasenmotoren und die übrigen elektrischen Apparate berechneten und konstruierten, fehlte prinzipiell die Erkenntnis der Anforderungen, die ein Bahnbetrieb an eine Lokomotive stellt. Dazu kam, daß der Entwurf und die Ausführung des mechanischen Teils der elektrischen Lokomotive einschließlich des Antriebes den Dampflokomotivfabriken überlassen wurde, die weder mit den Eigenschaften eines Elektrobahnmotors noch mit der übrigen elektrischen Ausrüstung vertraut waren. Erst infolge der daraus entstandenen Mißerfolge wurde die Wichtigkeit des Antriebes der elektrischen Lokomotive erkannt. Einige Firmen haben daher bald die Motor- und die Getriebekonstruktion in eine Hand gelegt und haben auch den Versuch unternommen, den Motor und das Getriebe der Einheitlichkeit und der zweckmäßigeren Herstellung halber unter derselben Oberleitung in ihren Werkstätten anzufertigen. Der nächste Schritt wird sein, auch die Motorberechnung, die heute nach vollständiger Klärung der Vorgänge in den Einphasenkommutatormotoren keine Schwierigkeiten mehr bereitet, so in die bereits geschaffene Organisation einzugliedern, daß die Lokomotiven von einheitlichen Gesichtspunkten aus entworfen, berechnet und ausgeführt werden können.

Der Zweck der folgenden Untersuchungen ist nun, den Zusammenhang der Getriebeanordnung mit der Wahl und Dimensionierung der bestgeeigneten Motoren für die gebräuchlichsten Achsdrücke darzulegen.

Da die Eisenbahnzüge infolge der steten Leistungssteigerung der Bahnen länger werden, müssen die Lokomotiven eine größere Anzahl von Triebachsen erhalten. Die Länge der Züge ist aber durch die Entfernung zwischen den Einfahrts- und Ausfahrtsweichen der Bahnhöfe beschränkt, weshalb dann eine Vergrößerung der Leistung nur durch Erhöhung der Achsdrücke erreicht werden kann, wie man bei allen in der Entwicklung begriffenen Bahnen zu beobachten in der Lage ist. Durch diese Maßnahme wird gleichzeitig eine günstige Ausnützung der aufzuwendenden Antriebsenergie erreicht, da der kurze Zug mit großem Achsdruck einen kleineren Fahr- und Krümmungswiderstand besitzt als der längere Zug mit kleinerem Achsdruck und mit derselben Ladefähigkeit.

Da aber eine Lokomotive nur dann voll ausgenützt ist, wenn die größten Zugkräfte, die bei den verschiedenen Geschwindigkeiten entwickelt werden, bis zur Gleitgrenze der Triebräder gehen, so ist es auch wichtig zu wissen, welcher Antrieb die Unterbringung der größtmöglichen Leistung bei veränderlichen Werten für Triebraddurchmesser, Höchstgeschwindigkeit und Achsdruck gestattet. In Deutschland galt bisher als größter Achsdruck 18 t. Bei den immer größer werdenden Zuggewichten würden bei diesem niedrigen Achsdruck die Lokomotiven zu viele Kuppelräder erhalten müssen. Man hat deshalb den Achsdruck auf 20 t erhöht und beabsichtigt, ihn in absehbarer Zeit auf 25 t zu steigern. In Amerika existieren bereits Bahnen bis über 30 t Achsdruck[1]).

Da die Motoren der gebräuchlichsten Bahnsysteme, wie Gleichstrom, Einphasenwechselstrom, Drehstrom und Spaltphasen teils Reihen-, teils Nebenschlußcharakter besitzen, so müßten die Untersuchungen für diese Bahnsysteme getrennt durchgeführt werden, weil sie ganz verschiedene Anforderungen an den Bau und Betrieb einer Lokomotive stellen. Die vorliegende Untersuchung beschränkt sich auf den einphasigen Wechselstrom; soweit als möglich werden die anderen Bahnsysteme kurz berührt.

Die bisher ausgeführten elektrischen Einphasenlokomotiven weisen eine große Verschiedenartigkeit in ihrer Bauart, insbesonders bei dem

---

[1]) Die 1 BB 1 + 1 BB 1 + 1 BB 1-Lokomotiven, 6000 PS dauernd, der Virginia Railway (Spaltphasen) haben einen Achsdruck von 34 t.

Antrieb auf, die sich aber weder für die Anschaffungs- noch für die Unterhaltungs- und Betriebskosten als günstig erwiesen hat. Die Anschaffungskosten der Einphasenlokomotiven können wegen ihrer größeren Leistungsfähigkeit gegenüber den Dampflokomotiven auch größer sein. Verschiedene Bahnen, die vom Dampfbetrieb auf den elektrischen Betrieb übergegangen sind, haben gezeigt, daß man mit einer erheblich geringeren Zahl von elektrischen Lokomotiven auskommt. Der Preis einer elektrischen Lokomotive ist zwar noch ein unverhältnismäßig hoher, was wohl hauptsächlich davon herrührt, daß die Firmen bisher meist gezwungen waren, Einzelherstellungen zu liefern. Bei einer Serienherstellung wie bei der Dampflokomotive dürfte auch eine Verbilligung zu erwarten sein. Serienherstellungen wären prinzipiell sowohl im Interesse des Erzeugers als auch der Bahnverwaltungen zu begrüßen; denn nur mit Einheitstypen von elektrischen Lokomotiven lassen sich einwandfreie Betriebe durchführen, die Betriebs- und Instandhaltungskosten bedeutend verringern, die heute noch viele Bahnverwaltungen von der Einführung des elektrischen Antriebes abhalten.

Aus diesem Grunde müßten aber für die einzelnen Verwendungszwecke, wie Verschiebe-, Güter-, Personen- und Schnellzuglokomotiven, die günstigsten Bauarten einwandfrei festliegen. Die folgenden Untersuchungen sollen ein Beitrag zur Klärung dieser noch unentschiedenen Antriebsfrage sein.

II. Allgemeine Grundzüge für den Bau und Antrieb von elektrischen Lokomotiven.

Beim Bau und Antrieb von elektrischen Lokomotiven oder Triebwagen sind eine Reihe von Forderungen zu erfüllen, damit die Fahrzeuge allen Ansprüchen hinsichtlich Stabilität, Lauffähigkeit, Kurvenbeweglichkeit und ruhigen Gang genügen.

Ferner ist darauf zu achten, daß die Lokomotiven die gegebenen Achsdrücke einhalten und ihre Abmessungen innerhalb des Umgrenzungsprofiles bleiben, damit das Befahren von Brücken, Unterfahrten, Tunnels und Schuppen anstandslos erfolgen kann. Bei allen in Betracht kommenden Geschwindigkeiten muß die Lokomotive ohne störende Bewegung laufen, sowie die vorgeschriebenen Kurven ohne Zwängung befahren. Besonders ist darauf zu achten, daß sie in ihrer Achsanordnung und womöglich auch in ihrem Aufbau symmetrisch gestaltet wird, damit der Aufenthalt und die Arbeit beim Wenden in den Endstationen wegfällt, eine gleichmäßige Fahrt in beiden Fahrtrichtungen gewährleistet wird und bei den neuen Bahnen ein Teil der kostspieligen Drehscheiben entfallen kann. Die symmetrische Bauart läßt sich bei Dampflokomotiven nicht ausführen. Bei elektrischen Lokomotiven hingegen ist kein Grund vorhanden, sie sowohl im Antrieb als auch im Aufbau unsymmetrisch auszuführen. Wenn bei verschiedenen Bahnstrecken in einer Fahrtrichtung beispielsweise die Rechtskurven überwiegen und die Spurkränze der Lokomotivräder sich einseitig abnützen, so ist es bei der symmetrischen Bauart möglich, die Lokomotive in größeren Zeitabständen, vielleicht bei der alle 10 000 km stattfindenden kleineren Revision in der Betriebswerkstätte zu drehen, um die Abnützung der Räder gleichmäßig zu gestalten.

Der Antrieb einer Lokomotive kann jedoch nicht allgemein gelöst, sondern muß den Eigenschaften der zur Verfügung stehenden Antriebsmotoren angepaßt werden. Allgemein ist hierbei die Aufgabe gestellt, die Räder einer oder mehrerer unabhängig voneinander angeordneter Triebachsen mit gleicher Umfangsgeschwindigkeit anzutreiben. Die Summe der von den einzelnen Triebachsen entwickelten Zugkräfte bildet die gesamte Zugkraft der Lokomotive.

Der Antrieb selbst ist kinematisch in verschiedener Weise lösbar. Er hängt hauptsächlich davon ab, ob die Bewegungsrichtung des die Leistung übertragenden Teiles des Motors eine hin und her gehende oder eine drehende ist. Nach diesen Gesichtspunkten können die Antriebsmotoren in zwei große Gruppen eingeteilt werden, und zwar in solche:

1. mit hin und her gehender Bewegung (Kolbenmaschinen),
2. mit drehender Bewegung (Elektromotoren, Turbinen, Kapselgetriebe).

Die Antriebe der ersten Gruppe entsprechen denen der Dampflokomotive und erfordern die Überleitung der hin und her gehenden Bewegung des Kolbens in die drehende Bewegung der Lokomotivtriebräder. Diese Aufgabe wurde bereits von Stephenson für die Dampflokomotive gelöst. Seine Anordnung mit den beiden Kolben auf jeder Lokomotivseite und dem Schubkurbelgetriebe, durch welches die gekuppelten Triebräder angetrieben werden, hat sich bis heute unverändert erhalten. Der Einzelachsantrieb, bei dem jede Achse ihre beiden Zylinder und ihr eigenes Schubkurbelgetriebe erhalten würde, wäre wohl möglich, aber ein Unding. Nur bei Lokomotiven mit einer großen Anzahl von Triebrädern wird wegen der Kurvenbeweglichkeit die von Mallet zuerst angegebene Triebdrehgestellbauart angewandt. Sie ist jedoch sehr kompliziert und bedingt eine nachgiebige Dampfzuleitung; dies sind wohl einige der Gründe, weshalb die Mallet-Lokomotive keine allzu große Verbreitung gefunden hat.

Das Schubkurbelgetriebe kann aus konstruktiven Gründen wegen der Fliehkraftbeanspruchung der Stangen und der Lebensdauer der Stangenlager normal nur bis zu 350 Touren, äußerstenfalls bis 400 Touren/Min. gebaut werden. Bei Dampflokomotiven wird jedoch diese

Zahl nicht erreicht, da ihr durch die Wirkung der unausgeglichenen hin und her gehenden Massen und durch die wegen des Materialverschleißes begrenzte mittlere Kolbengeschwindigkeit von 6—8 m/Sek. schon früher ein Ziel gesetzt ist.

In den „Technischen Vereinbarungen des Vereines deutscher Eisenbahnverwaltungen" sind für die einzelnen Dampflokomotivbauarten Höchstdrehzahlen der Triebachsen empfohlen, die aber für die elektrischen Lokomotiven mit Kuppelstangentrieb nicht in dem Maße eingehalten werden brauchen, sondern höher gewählt werden können. Für elektrische Lokomotiven mit Einzelachsantrieb gelten die Beschränkungen in der Triebwerksdrehzahl überhaupt nicht.

Die Antriebe der zweiten Gruppe beziehen sich auf Motoren mit drehender Bewegung, die beim Antrieb elektrischer Lokomotiven verwendet werden. Die Übertragung der drehenden Bewegung auf die Triebräder kann durch Einzelachs- und Gruppenantriebe erfolgen, die später näher beschrieben und ausgeführt werden.

Nach den eingangs aufgestellten Forderungen müssen die gegebenen Achsdrücke eingehalten werden. Neben den Triebachsen werden bei Lokomotiven je nach dem Verwendungszweck und der Geschwindigkeit auch Laufachsen oder Laufdrehgestelle angeordnet. Man wird zunächst aus Billigkeitsgründen trachten, das Gesamtgewicht der Lokomotive auf das unbedingt zur Adhäsion erforderliche Triebgewicht zu beschränken. Da heute bei den verschiedenen Stromarten die elektrischen Ausrüstungen ziemlich gleichmäßig hoch beansprucht sind, so sind die Gewichte je Kilowatt Dauerleistung keinen allzu großen Schwankungen mehr unterworfen. Man kann ihre Gewichte in Abhängigkeit der Leistung und Geschwindigkeit darstellen und erhält, wie in der Literatur Dr. Seefehlner in der Elektrotechnik und Maschinenbau 1915, Heft 1, durchgeführt hat, für die erste Projektierung ganz brauchbare Werte.

An Hand dieser Kurven kann man sich auch verhältnismäßig schnell über die Notwendigkeit und Anzahl der Laufachsen orientieren. Trägt man nämlich von annähernd gleich stark beanspruchten elektrischen Einphasenlokomotiven das Gewicht der mechanischen und elektrischen Ausrüstung je Tonne Dauerzugkraft und den nach den Versuchen Poirées ermittelten erforderlichen Achsdruck bei den entsprechenden Geschwindigkeiten auf, so erhält man zwei Kurven (Abb. 1), die sich bei einer bestimmten Geschwindigkeit schneiden. Da die Gewichte der elektrischen Ausrüstungen von der Größe der Lokomotivleistung abhängen, so muß man eigentlich von einer Schnittzone sprechen, die zwischen 20—40 km/Std. liegt. Lokomotiven, die hinsichtlich ihrer Leistung und Geschwindigkeit in diese Zone fallen, können als reine Triebachsenlokomotiven gebaut werden, wie die große Zahl der praktisch ausgeführten Rangier- und Güterzuglokomotiven für

40—50 km/Std. bei Gleich-, Einphasen- und Drehstrom zeigen. Unterhalb dieser Geschwindigkeitszone müssen die Lokomotiven mit Ballast beschwert bzw. können Triebwagen für Personen- oder Güterbeförderung gebaut werden.

Bei größeren Geschwindigkeiten kommt man mit reinen Kuppelachsen nicht mehr aus, sondern es müssen Laufachsen eingebaut werden, deren Anzahl sich aus der Abbildung entsprechend dem Mehrgewicht der elektrischen Ausrüstung der Lokomotive und dem gewählten Achsdruck der Laufachsen von selbst ergibt.

Bei modernen elektrischen Bahnen, wie die Beispiele aus Amerika und Schweden zeigen, werden auch Güterzüge automatisch gebremst; daher können die Höchstgeschwindigkeiten derselben unbedenklich

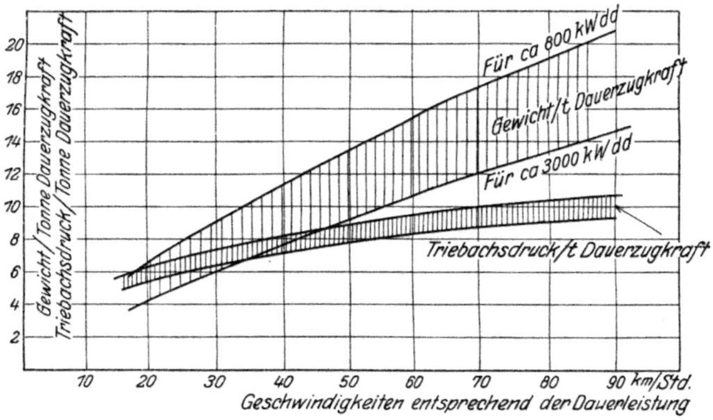

Abb. 1.

auf 60 km/Std. und die mittleren Geschwindigkeiten auf 36—40 km/Std. hinaufgesetzt werden. Da die Zugkräfte nunmehr bei höheren Geschwindigkeiten gefordert werden, sind die Leistungen entsprechend größer und daher mit größeren Gewichten der elektrischen Ausrüstung je Tonne Triebraddruck verbunden. Aus diesem Grunde müssen Laufachsen angeordnet werden, die nicht nur wegen des Gewichtes notwendig, sondern auch zur besseren Führung und Schonung der ersten Triebradsätze für diese Güterzuglokomotiven vorteilhaft sind.

Für Personen- und Schnellzuglokomotiven werden die Zugkräfte bei noch höheren mittleren Geschwindigkeiten verlangt. Diese erfordern daher noch größere Leistungen und Gewichte der elektrischen Ausrüstung je Tonne Triebachsdruck. Aus diesem Grunde und zur guten Führung und Lauffähigkeit bei großen Geschwindigkeiten sind Laufdrehgestelle nötig.

Zur Erreichung einer guten Kurvenbeweglichkeit, insbesondere von Kuppelstangenlokomotiven mit einer großen Zahl von Triebachsen, läßt sich bei der elektrischen Lokomotive die Teilung in mehrere Triebdrehgestelle verhältnismäßig leicht durchführen. Man spart dadurch den langen schweren Rahmen und die schweren Kraus-Helmholtz- und ähnliche Drehgestelle, die nur eine beschränkte Kurvenbeweglichkeit gestatten.

Eine andere Möglichkeit zur Erreichung einer guten Kurvenbeweglichkeit besteht im Bau von kurzgekuppelten Doppellokomotiven, deren mechanischer Teil nicht so große Anforderungen an die Lokomotivfabriken stellt wie der von den Triebdrehgestell-Lokomotiven. Auch ziehen einige Bahnverwaltungen diese Doppelbauart wegen der leichten Teilbarkeit vor. Die elektrische Ausrüstung ist jedoch schwerer als die von Triebdrehgestell-Lokomotiven, weil eine Reihe von Ausrüstungsteilen, wie Transformatoren, Ölschalter, Kompressoren u. a. m., doppelt vorhanden sein müssen.

Die gute Kurvenbeweglichkeit ist hauptsächlich für Güterzuglokomotiven wegen der kleinen Krümmungen in den Weichenstraßen erforderlich. Eine große geführte Länge wird wegen der geringen Höchstgeschwindigkeit nicht benötigt. Daher sind die vorerwähnten Bauarten mit geteilten Rahmen hier sehr zweckmäßig.

Bei Schnellzuglokomotiven hingegen ist der ruhige Gang bei großen Geschwindigkeiten von größter Wichtigkeit, während die Kurvenbeweglichkeit von untergeordneter Bedeutung ist. Sie müssen daher eine große geführte Länge besitzen und aus diesem Grunde nach Möglichkeit als einrahmige Lokomotiven ausgeführt werden.

Die äußeren Abmessungen der elektrischen Antriebsmotoren sind je nach der gewählten Antriebsart und der elektrischen und magnetischen Beanspruchungen der Motoren verschieden. Im allgemeinen ist für die Länge der Motoren (in der Fachliteratur auch Breite bezeichnet) die Spurweite bzw. lichte Weite des Rahmens und für den Durchmesser das Umgrenzungsprofil der Lokomotive maßgebend. Die lichte Weite des Rahmens hängt von der Rahmenbauart ab. Man unterscheidet Innen- und Außenrahmen und nach dem verwendeten Material Guß- und Blechrahmen.

Der Innenrahmen ist die natürliche Bauart für Kuppelstangenlokomotiven. Obwohl durch den Innenrahmen die Motorlänge verkleinert wird, sind bei Kuppelstangenlokomotiven die Vorteile des Innenrahmens gegenüber den aufsteckbaren sog. Hallschen Kurbeln, die bei Außenrahmenbauart nötig wären, so groß, daß man ihn hierbei fast ausschließlich verwendet. Der Innenrahmen ist schmal und bei modernen großen Lokomotiven wegen der großen Achszahl auch lang. Da bei Kuppelstangenlokomotiven die Kraftübertragung von einer Stelle aus auf sämtliche gekuppelten Räder erfolgt, muß der Innenrahmen, um stabil zu sein und das Triebwerk vor zusätzlichen Beanspruchungen zu schützen, versteift werden. Besonders eignet sich hierzu ein kastenförmiger Rahmen mit hohen und schmalen Längsträgern, die demselben sowohl eine größere Steifigkeit verleihen als auch eine große lichte Weite ermöglichen und den Einbau eines langen und leistungsfähigen Motors gestatten. Den Innenrahmen als Barrenrahmen auszubilden, wie dies in Amerika bei Dampflokomotiven wegen der leichteren Zugänglichkeit der innen liegenden Steuerungsteile häufig geschieht, ist bei elektrischen Lokomotiven wegen der damit verbundenen zu starken Verkleinerung der Motorleistung nicht empfehlenswert.

Der Außenrahmen, der bei Eisenbahn- und Straßenbahnwagen die zweckmäßigste Bauart ist und hierfür ausschließlich verwendet wird, eignet sich bei elektrischen Lokomotiven hauptsächlich für den Einzelachsantrieb. Der Außenrahmen kann sowohl mit hohen, schmalen Längsträgern als auch mit breiten Barrenrahmen ausgeführt werden. Vorteilhaft ist bei letzteren die leichtere Zugänglichkeit von Motor und Getriebe. In den U. S. A. wird er fast ausschließlich für den Einzelachsantrieb verwendet.

Was die Materialfrage anbetrifft, so läßt sich über die Guß- und Blechrahmen folgendes bemerken: Der leichteren Herstellung halber ist der Querschnitt des Gußrahmenträgers vorwiegend breit und niedrig und wird sich daher als Barrenrahmen für Außenrahmenlokomotiven eignen. Der Querschnitt des Blechrahmenträgers ist schmal und hoch und daher für Innenrahmenlokomotiven günstiger, weil dann der Motor eine größere Länge erhalten kann. Ebenso vorteilhaft kann jedoch der Blechrahmen für Außenrahmenlokomotiven verwendet werden. Die Entscheidung für die Verwendung von Guß- und Blechrahmen in den einzelnen Fällen hängt jedoch hauptsächlich von der bei den einzelnen Firmen üblichen Fabrikationsmethoden ab. So werden z. B. für Außenrahmenlokomotiven in Amerika aus Billigkeitsgründen fast durchweg aus Vanadiumstahl gegossene Barrenrahmen verwendet, während bei uns von den gleichen Erwägungen ausgehend Blechrahmen gebaut werden.

III. Ermittlung der Hauptabmessungen eines Einphasenserienmotors.

Von den vielen Schaltungen der Wechselstromkommutatormotoren hat sich im Laufe der letzten Jahre nur der kompensierte Reihenschlußmotor mit künstlichem Querfeld, welches zur Verbesserung der Stromwendung dient, behauptet. Teilweise wird er noch mit Widerstandsverbindungen, die zwischen den Ankerwickelköpfen und Kollektorfahnen liegen, ausgeführt. Der doppelt gespeiste Reihenschlußmotor, der Dérimotor und der Winter-Eichberg-Latourmotor haben heute für den Bahnbetrieb nur mehr geschichtliche Bedeutung.

Die folgenden Berechnungen werden deshalb nur für den einfachen Reihenschlußmotor durchgeführt, dessen Schaltung aus Abb. 2 ersichtlich ist. Es bedeutet *1* die Feldwicklung, *2* die Ankerwicklung, *3* die Kompensations- und *4* die Wendepolwicklung. Zu letzterer ist ein Ohmscher Widerstand parallel geschaltet, welcher der Einfachheit halber unveränderlich ist.

Die Wirkungsweise dieser Wicklungsanordnung geht am besten aus dem Vektordiagramm der Stromwendespannungen hervor.

Es wirken beim Lauf des Motors:

1. Die transformatorische Funkenspannung E_t, die vom Erregerfeld in der kurzgeschlossenen Ankerspule induziert wird. E_t ist proportional

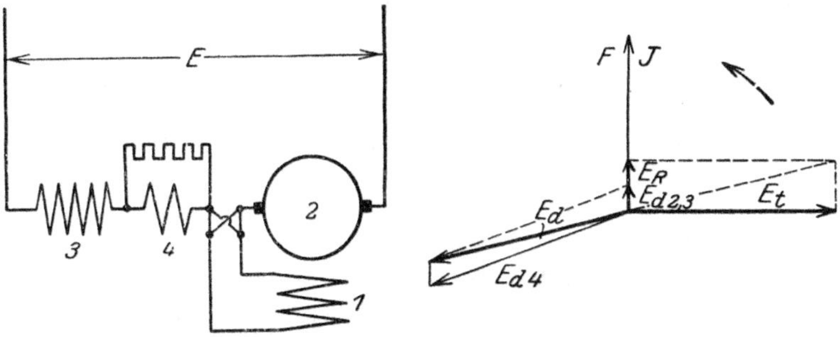

Abb. 2.

dem Erregerfelde und zeitlich um 90° gegenüber dem Erregerfelde verzögert.

2. Die drehende EMK E_d, die vom resultierenden Felde der Kommutierungszone (Anker-, Kompensations- und Wendefeld) in der kurz geschlossenen Ankerspule induziert wird. Sie ist proportional der Tourenzahl und liegt zeitlich in der Richtung dieses resultierenden Wendefeldes.

3. Die Reaktanzspannung oder Stromwendespannung E_R ist proportional dem Ankerstrom und der Tourenzahl und liegt zeitlich in Phase mit dem Hauptstrom bzw. dem Erregerfeld.

Diese 3 Spannungen ergeben bei einem bestimmten Parallelwiderstand zum Wendefeld bei nur einer Geschwindigkeit den Wert Null. Durch Änderung dieses Parallelwiderstandes kann die Kompensierung dieser Spannungen bei verschiedenen Geschwindigkeiten und dadurch eine einwandfreie Stromwendung erreicht werden.

Diese Kompensierungseinstellung in Abhängigkeit von der Geschwindigkeit hat zur Folge, daß außer dem Leistungskontroller ein zweiter Kontroller vorhanden sein und sorgfältig bedient werden muß, wenn die errechneten Stromwendespannungen auch im Betrieb eingehalten werden sollen. Im praktischen Betriebe stellte sich aber bei Lokomotiven mit doppeltgespeisten Motoren, die auch einen zweiten von der Geschwindigkeit abhängigen Kontroller besaßen, heraus, daß die Lokomotivführer diese Geschwindigkeitskontroller nicht mit der nötigen Genauigkeit bedienten, da sie schon mit der Beaufsichtigung einer großen Anzahl von Apparaten und Instrumenten belastet waren. Die Kommutierung war infolge der schlechten Geschwindigkeitseinstellung mangelhaft, weshalb öfter an den Kommutatoren Überschläge erfolgten. Da bei der Anfahrt — also noch bei Stillstand des Motors — nur die transformatorische EMK wirksam ist, so muß diese, um funkenfreies Arbeiten gewährleisten zu können, klein gewählt werden. Außerdem werden bei den größten Geschwindigkeiten erfahrungsgemäß nur kleine Drehmomente gefordert, wodurch die Kommutierungsbedingungen wesentlich erleichtert werden. Es ist daher möglich, das Wendefeld des Motors mit nur einer unveränderlichen Widerstandsstufe auszuführen und dadurch eine einfache und betriebssichere Schaltung zu erhalten, die eine funkenfreie Stromwendung bei allen Geschwindigkeiten gewährleistet.

Motoren mit Widerstandsverbindungen zwischen den Ankerwickelköpfen und Kollektorfahnen können mit großen transformatorischen Spannungen und daher mit großen Flux pro Pol ausgeführt werden. Es hat deshalb zunächst den Anschein, als ob dadurch die Leistung der Motoren wesentlich gesteigert werden könnte. Die Eisenlänge ist aber wegen der Spurweite beschränkt und kann höchstenfalls bis auf 400 mm vergrößert werden. Damit die Eisensättigung nicht zu groß ausfällt, muß entweder die Polteilung vergrößert oder müssen die Nuten verkleinert werden, und zwar im selben Maße als der Flux erhöht wird. Da die Leistung je Zentimeter Ankerdurchmesser wegen der Erwärmung begrenzt ist, so wird sie von der des gewöhnlichen Serienmotors nicht sehr verschieden sein. Der Statoraußendurchmesser ist aber beim Motor mit Widerstandsverbindungen eher etwas größer, da die Statoreisenstärke wegen des verstärkten Fluxes auch größer gewählt werden muß. Durch die größere Polteilung können die Kommutatorlamellen breiter ausgeführt werden, weshalb auch breitere Kohlenbürsten gewählt werden können, die für den Bahnbetrieb wesentlich günstiger sind. Als weitere Vorteile können wegen der höheren Ankerspannung der schmalere Kommutator und die kleineren Ankerströme genannt werden, welche die Verwendung leichterer Steuerapparate gestatten.

Sehr schwierig ist jedoch die konstruktive Ausführung der Widerstandsverbindungen. Sie wurden zuerst in die Ankernut gelegt, aber wegen der schlechten Kühlungsverhältnisse werden sie jetzt in einem besonderen sog. Widerstandskollektor vereinigt, der zwischen dem Ankereisen und Kommutator angeordnet ist. Trotzdem wird die sichere

Ableitung der großen sich entwickelnden Wärmemengen stets großen Schwierigkeiten begegnen. Die bei den stark künstlich gelüfteten Motoren erhöhte Verschmutzung der Widerstandsverbindungen dürfte daher bei längerem Betrieb Überschläge an denselben und dadurch Störungen im Anker hervorrufen.

Hinsichtlich des Gewichtes und Raumbedarfes werden daher Motoren mit und ohne Widerstandsverbindungen keine großen Verschiedenheiten aufweisen. Erst ein mehrjähriger einwandfreier Betrieb unter denselben Bedingungen wird zeigen, ob sich die Widerstandsverbindungen vollkommen betriebssicher ausführen lassen. Ist dies der Fall und hält sich außerdem die Kohlen- und Kommutatorabnützung in zulässigen Grenzen, dann ist erst die Möglichkeit vorhanden, daß der Motor mit Widerstandsverbindungen wegen der kleineren Ankerströme und leichteren Steuerapparate den Motor ohne Widerstandsverbindungen allmählich verdrängt.

In letzter Zeit wurden Versuche unternommen, den Kraftfluß des Serienmotors auf andere Weise zu erhöhen, indem man doppelte Parallelwicklung verwendet. Diese Anordnung verleiht dem Motor die gleichen Vorteile wie die Widerstandsverbindungen, nämlich kleine Ankerströme und kleine Steuerapparate. Wenn sich die Kommutierung im Dauerbetrieb ebenso gut verhält wie beim Serienmotor mit einfacher Parallelwicklung, dann können seine Aussichten im Lokomotivbetrieb als günstige bezeichnet werden.

Die folgenden Berechnungen gelten für Motoren ohne Widerstandsverbindungen.

Die allgemeine Leistungsgleichung für den Einphasenkommutatormotor lautet nach Ossanna[1]):

$$W_2 = C \cdot D^2 \cdot l \cdot n \cdot 10^{-4}, \quad \text{wobei} \quad C = \frac{\pi^2}{60} \cdot \frac{\alpha}{\sqrt{2}} \cdot B_l \cdot AS_2 \cdot 10^{-4}.$$

Darin bedeutet:

W_2 = die auf den Anker übertragene elektrische Leistung in Watt;
D = Ankerdurchmesser in cm;
l = effektive Ankereisenlänge in cm;
n = Drehzahl des Ankers pro Minute;
α = Polbedeckungsfaktor;
B_l = Luftinduktion;
AS_2 = Ampereleiterzahl je cm Ankerumfang;
v_a = Ankerumfangsgeschwindigkeit bei der Drehzahl n, für welche die Leistung W_2 zu ermitteln ist.

Setzt man für $n = \frac{60 \cdot v_a}{D \cdot \pi}$, so lautet

$$W_2 = C \cdot \frac{60}{\pi} \cdot D \cdot l \cdot v_a \cdot 10^{-4}. \tag{1}$$

[1]) Starkstromtechnik, Rziha u. Heidener, Bd. I.

Aus dieser Gleichung sieht man, daß die Leistung dem Ankerdurchmesser und der Umfangsgeschwindigkeit proportional ist. Die Eisenlänge ist bei Vollspur (1435 mm) fast bei allen Motorgrößen und Antriebsarten annähernd gleich groß und beträgt zwischen 320—350 mm.

Die größte Ankerumfangsgeschwindigkeit ist durch die Kommutatorumfangsgeschwindigkeit begrenzt, welch letztere man nach den bisherigen Erfahrungen nicht über 40 m/Sek. wählen soll.

Die günstigsten Konstruktionsverhältnisse für den Anker und für den Motor ergeben sich, wenn das Verhältnis

$$\frac{\text{Kommutatordurchmesser}}{\text{Ankerdurchmesser}} = 0{,}7 \div 0{,}8$$

beträgt, woraus sich die größte Ankerumfangsgeschwindigkeit mit zirka 50 m/Sek. ergibt.

Das gewählte Durchmesserverhältnis von 0,7—0,8 ist konstruktiv deshalb so günstig, weil dann der Kommutatordurchmesser kleiner ist als der Ankereisendurchmesser bis zur inneren Nutöffnung und die Verbindung mit den Kollektorfahnen sich konstruktiv günstig gestaltet. Größere Kommutatordurchmesser sind in Ausnahmefällen möglich, aber auch aus anderen Gründen nicht erwünscht. Denn zum einwandfreien Arbeiten eines größeren und vielpoligen einphasigen Kommutatormotors gehört die gute Instandhaltung seines großen Bürstenapparates. Die meisten Firmen führen aus diesem Grunde drehbare Bürstenjoche aus, die aber einen etwas größeren Außendurchmesser als feste Joche bedingen. Jedoch darf dieser Durchmesser keineswegs größer sein als der Ankerdurchmesser des Statorblechpaketes, da sonst die Zentrale, d. i. die Entfernung von Mitte Motor bis Mitte Vorgelegewelle, und damit die Zahnradumfangsgeschwindigkeit (vgl. S. 34) vergrößert werden müßte.

Die oben erwähnte Grenze der Kommutatorumfangsgeschwindigkeit von 40 m/Sek. hängt hauptsächlich von der Lebensdauer der Kohlen und des Kommutators ab. Vom Bahnbetrieb wird verlangt, daß der Kommutator nach dem Abdrehen, Abschleifen, Auskratzen und Kantenbrechen bis zur nächsten Hauptrevision, das ist rund 100 000 km, ohne Nacharbeit aushält, weil der Anker aus anderen Gründen normalerweise nicht ausgebaut zu werden braucht. Die Abnützung der Kohlen muß ferner eine derartige sein, daß der entwickelte Kohlenstaub den Betrieb des Motors nicht gefährdet. Als zulässig hat sich eine Bürstenabnutzung von 0,1 mm pro 1000 km bei neuem, gut eingelaufenem Kommutator, bis zu 0,3 mm bei abgenütztem Kommutator ergeben. Diese Werte können bei sorgfältig ausgeführten Kommutatoren und den besten zur Zeit vorhandenen graphithaltigen Kohlenbürsten bei einem Kohlendruck zwischen 150 und 200 g/cm² und bei einer Kommutatorumfangsgeschwindigkeit von höchstens 40 m/Sek. erreicht werden. Die Wichtigkeit des geringen Kohlenverschleißes zeigt folgendes Beispiel. Ein zwölfpoliger 500 PS-Motor mit 340 cm² Kohlenquerschnitt würde bei einer täglichen Fahrleistung von 500 km in 10 Tagen bei 0,1 mm Abnutzung ca. $^1/_6$ l Kohlenstaub und bei 0,3 mm Abnützung ca. $^1/_2$ l Kohlenstaub erzeugen, der wohl nur zum Teil durch die Ventilation abgesaugt werden dürfte.

Damit bei der Kohlenabnützung die günstigsten Werte erreicht werden, ist es notwendig, daß die Kohlen sich leicht in den Haltern bewegen und kein Stromübergang zwischen Halter und Bürste stattfindet. Bei schlecht konstruierten Haltern wird die Kohle an den Stromübergangsstellen angegriffen, wodurch sie dann im Halter zu lose sitzt und bei Vorwärts- und Rückwärtslauf stark kantet. Die Abnützung wird dadurch wiederum stark vergrößert. Ferner kann sich der Kohlenstaub mit dem ebenso fein verteilten Öl vermengen, welches aus den selten ganz dichten Ankerlagern von der künstlichen Ventilation abgesaugt wird. Dieser ölhaltige Kohlenstaub lagert sich auf den Kohlen als dicke Schmiere ab, wodurch diese dann nach einiger Zeit in ihren Haltern festsitzen.

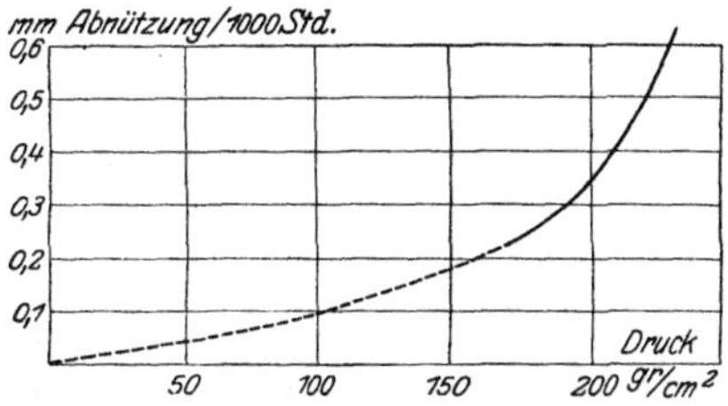

Abb. 3.

Besondere Sorgfalt ist auch auf einen gleichmäßigen Druck bei neuer und abgenützter Kohlenbürste zu legen, da, wie neue Versuche zeigen, die Abnützung nicht linear, sondern nach einer parabolischen Kurve als Funktion des Kohlendruckes ansteigt (Abb. 3). Diese Kurve ist jedoch nicht allgemein gültig, da sie nur für eine Kohlensorte bei einem Motor aufgenommen wurde. Es wäre wünschenswert, wenn anschließend daran noch eine Reihe weiterer Versuche mit verschiedenen Kohlensorten und Kommutatoren durchgeführt werden würden, um ein abschließendes Bild über die Höhe des günstigsten Kohlendruckes bei verschiedenen Kohlensorten zu gewinnen.

Damit die Bahnmotoren ein kleines Gewicht erhalten, muß bei allen Berechnungen, wie Gleichung (1) zeigt, stets bis an die äußerst zulässige Umfangsgeschwindigkeit gegangen werden, die daher bei der folgenden Leistungsbemessung der Motoren als konstant angesehen werden kann.

Bei gleicher Eisenlänge ist dann die Leistung, abgesehen von Ausnützungskoeffizienten, nur dem Ankerdurchmesser proportional. Das auf die Ankerwelle bezogene Drehmoment hingegen ist dem Quadrat des Ankerdurchmessers proportional.

$$M_d = 0{,}974 \frac{W_2}{n} = C \cdot 0{,}974 \cdot D^2 \cdot l \cdot 10^{-4} \qquad (2)$$

Diese Gleichung erweckt den Anschein, als ob es vorteilhaft wäre, die gesamte Lokomotivleistung in einem einzigen Motor zu vereinigen. In der folgenden Berechnung wird gezeigt werden, unter welchen Bedingungen mehrere kleine Zahnradmotoren gegenüber einem großen direkt treibenden Motor günstiger sind. Zu diesem Zwecke sollen, wie dies im Lokomotivbau allgemein üblich und auch sehr zweckmäßig ist, die Zugkräfte betrachtet werden, die am Treibradumfange wirken. Wird die Lokomotive von einem einzigen großen Motor mit dem Durchmesser D_d angetrieben, so lautet die Leistungsgleichung:

$$W_L = \frac{60}{\pi} \cdot C_d \cdot D_d \cdot l_d \cdot v_a \cdot 10^{-4}, \tag{3}$$

und wenn sie mit m kleinen Zahnradmotoren mit je einem Ankerdurchmesser D_z und einem Zahnradübersetzungsverhältnis $\ddot{u}$, $(\ddot{u} > 1)$ ausgerüstet wird, lautet die Gleichung:

$$W_L = m \cdot \frac{60}{\pi} \cdot C_z \cdot D_z \cdot l_z \cdot v_a \cdot 10^{-4}, \tag{4}$$

Bedeutet ferner

Z_a die Zugkraft am Ankerumfang und

Z_t die Zugkraft am Treibradumfang,

η den Getriebewirkungsgrad,

so lauten die Zugkraftgleichungen für eine Lokomotive

1. mit einem direkt treibenden Motor:

$$Z_{ad} = \frac{60}{\pi} \cdot \frac{C_d}{g} \cdot D_d \cdot l_d$$

und

$$Z_{td} = Z_{ad} \frac{D_d \cdot \eta_d}{\Phi_d} = \frac{60}{\pi} \cdot \frac{C_d}{g} \cdot \frac{D_d^2 \cdot l_d \eta_d}{\Phi_d} = \frac{\eta_d \cdot W_L^2 \cdot 10^8}{\frac{60}{\pi} \cdot g \cdot C_d \cdot l_d \cdot v_a^2 \cdot \Phi_d} \tag{5}$$

und 2. mit m kleinen Zahnradmotoren:

$$Z_{az} = \frac{60}{\pi} \cdot \frac{C_z}{g} \cdot D_z \cdot l_z \quad \text{(für 1 Motor)}$$

$$Z_{tz} = m \cdot Z_{az} \frac{D_z}{\Phi_z} \cdot \eta_z \cdot \ddot{u} = \frac{\ddot{u}}{m} \cdot \frac{W_L^2 \cdot \eta_z \cdot 10^8}{\frac{60}{\pi} \cdot g \cdot C_z \cdot l_z \cdot v_a^2 \cdot \Phi_z}. \tag{6}$$

Der Quotient aus Z_{tz} und Z_{td} gibt darüber Aufschluß, unter welchen Bedingungen der Zahnradmotor dem direkt treibenden Motor gleichwertig bzw. ihm überlegen ist.

$$\frac{Z_{tz}}{Z_{td}} = \frac{\ddot{u}}{m} \cdot \frac{\eta_z}{\eta_d} \cdot \frac{C_d \cdot l_d \cdot \Phi_d}{C_z \cdot l_z \cdot \Phi_z}. \tag{7}$$

Für ganz überschlägige Rechnungen kann

$$\frac{C_d \cdot \eta_z \cdot l_d \cdot \Phi_d}{C_z \cdot \eta_d \cdot l_z \cdot \Phi_z} = 1$$

gesetzt werden, weil meistens

$$l_d = l_z; \quad \eta_d = \eta_z; \quad C_d > C_z \quad \text{und} \quad \Phi_d < \Phi_z$$

ist. Dann lautet die Gleichung (7) folgendermaßen:

$$\frac{Z_{tz}}{Z_{td}} = \frac{\ddot{u}}{m}.$$

m Zahnradmotore gleicher Leistung und auch annähernd mit dem gleichen aktiven Gewicht wie ein großer direkt treibender Motor entwickeln also eine größere Zugkraft als dieser, solange der Zähler der Gleichung (7) größer ist als der Nenner, oder angenähert, wenn das Übersetzungsverhältnis größer ist als die Zahl der Motore. Dies trifft, wie die praktischen Ausführungen zeigen, für die meisten elektrischen Lokomotiven, die mit Zahnradmotoren angetrieben werden, zu.

Bei ganz großen Leistungen, die in einem direkt treibenden Motor nicht mehr untergebracht werden können, ist in Gleichung (7) die Zahl der direkt treibenden Motoren mit 2 anzunehmen. Dadurch wird in diesem Falle angenähert

$$\ddot{u} = \frac{m}{2}.$$

Näheres über die Antriebe siehe Teil IV.

Die noch zu bestimmenden veränderlichen Größen für die Bemessung der Motoren sind:

1. Die transformatorische Funkenspannung E_t.

Diese darf beim Anfahren eine gewisse Grenze nicht überschreiten, damit der Kommutator und die Betriebssicherheit nicht darunter leiden. Daher ist die Leistung des Motors durch diese EMK begrenzt.

$$E_t = \frac{2\pi}{\sqrt{2}} \nu \cdot F \left(\frac{p}{a_2}\right) b_2 \, 10^{-8} \text{ Volt.} \tag{8}$$

Hierin bedeuten:

ν = Periodenzahl des zugeführten Wechselstromes,
p = Polpaarzahl,
F = Kraftfluß pro Pol,
a_2 = Zahl der Parallelstromkreise,
b_2 = Zahl der Leiter je Wicklungselement.

Bei größeren, gut ausgenützten Motoren wird die von den Bürsten kurzgeschlossene Zahl der Ankerwindungen $w_2 = 1$.

Dann ist der Kraftfluß pro Pol bei konstanter E_t für alle Motoren konstant.

Nimmt man E_t bei der Dauerleistung bei Motoren ohne Widerstandsverbindung zu 3 Volt an, so wird bei $16^2/_3$ Perioden

$$F = \frac{3\sqrt{2}}{2\,\pi \cdot 16^2/_3} \cdot 10^8 = 4{,}05 \cdot 10^6 \text{ Maxwell.} \qquad (9)$$

Aus diesem Resultat ersieht man, daß Motoren gleicher Schaltung, aber mit den verschiedensten Durchmessern und Leistungen, annähernd die gleiche Anker- und Statoreisenstärke besitzen müssen.

2. Bürstenhalterentfernung und Polteilung.

Für den Abstand zweier Bürstenhalter sind nur praktische Gesichtspunkte maßgebend. Die kleinste Entfernung zweier benachbarter Bürstenhalter muß so groß sein, daß keine Überschlagsgefahr besteht, selbst wenn aus Versehen ein Bürstenhalter offen geblieben oder eine Stromzuführungslitze gerissen sein sollte. Außerdem muß der Abstand der Bürstenhalter so groß sein, daß die Zugänglichkeit zum Kommutator nicht zu stark behindert wird. Nach den praktischen Ausführungen beträgt die Polteilung zwischen 15—30 cm. Die Werte unter 20 cm müssen schon als außerordentlich klein angesehen werden. Als guter Mittelwert kann nach den bisherigen Erfahrungen 25 cm gewählt werden. Entsprechend dieser Annahme ist die Leistung nicht nur dem Ankerdurchmesser, sondern auch der Polzahl direkt proportional.

Aus dem Vorstehenden kann noch ganz allgemein ein Schluß auf das aktive Gewicht und die Erwärmungskonstante gezogen werden. Die aktiven Teile des Ankers und des Stators können, wenn man vom Luftspalt absieht, als kreisförmige Hohlzylinder angesehen werden, deren Längen und Dicken für alle Durchmesser praktisch konstant sind. Da nun die Oberfläche, das Volumen und das Gewicht eines derartigen Hohlzylinders dem Durchmesser direkt proportional sind, so ist beispielsweise das aktive Gewicht eines Motors von 800 kW Leistung annähernd 4 mal so groß wie das aktive Gewicht eines 200-kW-Motors, wenn gleiche Ankergeschwindigkeit und Beanspruchung vorausgesetzt werden.

Die Zeitkonstante für die Erwärmung ist bei künstlicher Kühlung für Motoren verschiedenster Durchmesser annähernd gleich groß und beträgt zwischen 40—60 Minuten.

3. Kleinste Kommutatorlamellenteilung.

Aus Kommutierungsgründen, damit nicht zu viele Ankerspulen gleichzeitig kurzgeschlossen sind, sollen die Kohlenbürsten nicht wesentlich breiter als 2 Lamellenteilungen sein, jedoch dürfen sie vorübergehend 3 Lamellen überbrücken. Da die Kohlen aus Haltbarkeitsgründen wegen des schweren Bahnbetriebes mindestens $10-12^1/_2$ mm stark sein müssen, so ergibt sich als kleinster Wert der Lamellenteilung ca. 5 mm. Obwohl dieser Wert bei den hohen Umfangsgeschwindigkeiten klein erscheint, so haben doch die Kommutatoren der Einphasenmotoren, die zur Zeit laufen und deren Lamellenteilung annähernd diesem Wert entspricht, sehr gute Resultate ergeben. Es wurden in letzter Zeit bei Motoren, die nach modernen Gesichtspunkten berechnet und konstruiert sind, zwischen zwei Kommutatorabdrehungen Lauflängen von ca. 100 000 km erreicht[1]).

4. Größte Anker- und mittlere Lamellenspannung.

Die Ankerspannung ist gegeben durch folgende Beziehung:

$$E_a = \frac{p}{a} \cdot \frac{n}{60} \cdot \frac{N \cdot F}{2} \cdot 10^{-8}.$$

Führt man den Wert E_t [Gleichung (8)] ein, so kann man E_a auch ausdrücken durch

$$E_a = E_t \cdot \frac{2}{\pi} \cdot \frac{k \cdot \gamma_m}{\gamma}. \qquad (10)$$

k ist die Kommutatorlamellenzahl je Polteilung. Sie beträgt unter den Annahmen Punkt 3 für $t_p = 25$ cm höchstens 40 Lamellen.

Infolge der bei allen modernen einphasigen Bahnmotoren üblichen niedrigen transformatorischen Funkenspannung und der kleinen Zahl der von den Bürsten kurz geschlossenen Ankerwindungen, die meistens nur $w_2 = 1$ beträgt, liegt die Ankerspannung bei Dauerleistung zwischen 300—400 Volt. Daraus ergibt sich der Effektivwert der mittleren Lamellenspannung von 8—10 Volt, ein Wert, der ohne weiteres zulässig ist.

Aus den Leistungsgleichungen und den übrigen Betrachtungen geht hervor, daß es wünschenswert ist, die Motoren mit möglichst großen Ankerumfangsgeschwindigkeiten bzw. Übersynchronismusgraden zu betreiben, damit das Gewicht möglichst klein wird. Es ist aber anzunehmen, daß die Eisenverluste und die Bürstenreibung der Ankerumfangsgeschwindigkeit eine Grenze setzen. Es erscheint für die Entwicklungsmöglichkeiten des Einphasenmotors sehr wünschenswert, diese Grenzen bei der zur Zeit üblichen künstlichen Kühlung und den vorgeschriebenen Höchsttemperaturen zu ermitteln. Zu diesem Zweck wurde vom Verfasser ein Motor mit gleichem Ankerdurchmesser und gleicher Eisenlänge, aber bei verschiedenen v_a berechnet und dabei jedesmal die günstigste Nutendimension und Wicklungsanordnung im Anker und Stator ermittelt, damit aus dem Motor bei den einzelnen v_a die größte Leistung herausgeholt werden kann. Bei größeren Übersynchronismusgraden mußten wegen der zunehmenden Eisenverluste die Querschnitte der Ankerzähne größer gewählt werden. Dadurch wurde der

[1]) Ohne Abschleifen in der Zwischenzeit!

Wickelraum, die Windungszahl oder der Leiterquerschnitt kleiner, weshalb die Dauerleistung vermindert wurde. Auch die Kommutatorreibungsverluste werden mit zunehmender Geschwindigkeit größer. Da aber die Angaben über den Reibungskoeffizienten noch sehr verschieden sind und namentlich von der Qualität der Kohle abhängen, wurde von einer Leistungsbegrenzung durch diese Verluste abgesehen. Hingegen wurde großer Wert auf gute Kommutierung bei allen Geschwindigkeiten gelegt. Wie Dr. Döry[1]) bereits nachgewiesen hat, ist bei diesen stark ausgenützten Motoren bei Lauf die Reaktanzspannung ausschlaggebend.

Die größtmöglichen Ankerumfangsgeschwindigkeiten ergeben sich unter diesen Annahmen bei ca. 60 m/Sek. Über 70 m/Sek. beginnt die

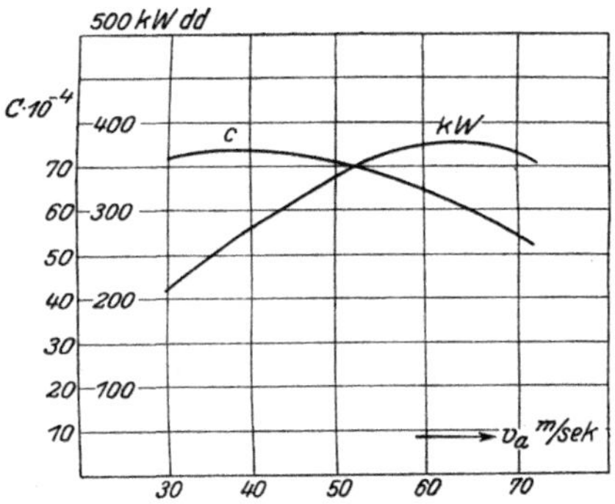

Abb. 4.

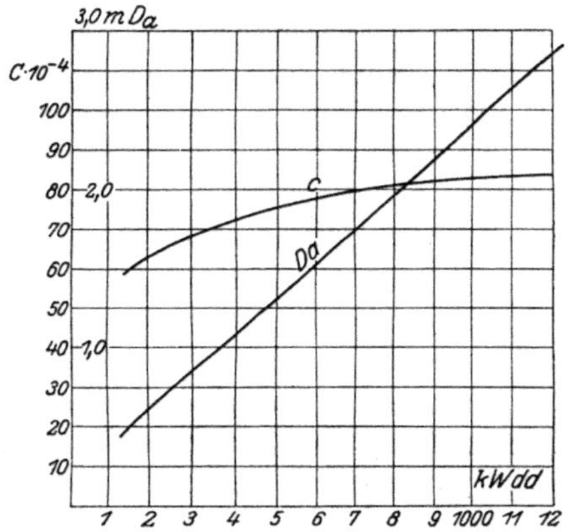

Abb. 5.

Leistung verhältnismäßig rasch abzunehmen. Von 55—70 m/Sek. verläuft die Kurve ziemlich flach (Abb. 4). Nach diesem Ergebnis kann eine Erhöhung der Ankerumfangsgeschwindigkeit auf 55 bis äußerstenfalls 60 m/Sek. angestrebt werden. Die Kommutatorumfangsgeschwindigkeit müßte also noch bis 45 bzw. äußerstenfalls 48 m/Sek. gesteigert werden können. Es erscheint dies zur Zeit eine Frage der Qualität der Kohlenbürsten zu sein.

Da wegen des Kommutators nur mit einem größten $v_a = 50$ m/Sek. gerechnet wird und für die späteren Vergleiche der einzelnen Antriebe die Daten einer Motorserie gebraucht werden, so sind in Abb. 5 unter Annahme: $E_t = 3$ Volt, $t_p = 25$ cm, Übertemperatur im Stator $= +60°$ C, Übertemperatur im Rotor $= +80°$ C, die Leistungen einer Reihe von Motoren aufgetragen, deren wichtigste Daten aus Tabelle 1 entnommen werden können. Es ergibt sich für die größten Tourenzahlen ein sechs-

[1]) Einphasenbahnmotoren. Verlag Vieweg.

facher Übersynchronismusgrad. Die Dauerleistung ist für eine Tourenzahl $n = 0{,}6\, n_{\max}$ berechnet. Die Motorkonstante C wird mit zunehmender Leistung größer, da die Ampereleiterzahl größer gewählt werden kann.

Die ermittelten Werte sind Durchschnittswerte, die bei Verwendung guter Ankerbleche und künstlicher Lüftung erreichbar sind.

Für die im letzten Abschnitt durchgerechneten Vergleichsbeispiele der einzelnen Antriebe wird noch die Zentrale benötigt. Diese ist der Abstand von Motormitte bis Mitte Vorgelegewelle, der von der Nutentiefe, der Statoreisenstärke und der Art der gewählten Statorkonstruktion abhängig ist.

Die Tiefe der Kompensationsnuten hängt von dem Ankerdurchmesser bzw. der gewählten Ampereleiterzahl je Zentimeter Ankerumfang ab

Tabelle 1.

Nr.	Eisenbreite	Polteilung	v_a m/Sek. max.	$v_{\max}$-Kommutator	Stator Außendurchmesser	Rotor Außendurchmesser	Rotor Innendurchmesser	Luftspalt	Polzahl	Drehzahl bei Dauerleistung	Drehzahl größte	KW Dauerleistung	Strom	Totale Spannung	$\cos\varphi$	η	$C = \frac{\text{Watt}}{R^2 \cdot L \cdot n} 10^{-4}$ (nach Ossanna)
1	350	250	30	30	1190	955	745	3	12	360	600	210	1100	230	0,945	88,0	$72{,}5 \cdot 10^{-4}$
2	350	250	40	36	1190	955	735	3	12	480	800	290	1250	274	0,955	88,5	$74{,}0 \cdot 10^{-4}$
3	350	250	50	40	1190	955	720	3	12	600	1000	340	1250	315	0,965	89,5	$71{,}0 \cdot 10^{-4}$
4	350	250	60	50	1180	955	710	3	12	720	1200	380	1320	328	0,975	90,0	$65{,}0 \cdot 10^{-4}$
5	350	250	70	50	1160	955	700	3	12	840	1400	365	1180	352	0,980	89,5	$54{,}5 \cdot 10^{-4}$
6	350	250	50	40	680	477	230	3	6	1200	2000	140	500	328	0,970	88,0	$59{,}0 \cdot 10^{-4}$
7	350	250	50	40	860	636	400	3	8	900	1500	200	760	308	0,970	88,5	$63{,}0 \cdot 10^{-4}$
8	350	250	50	40	1500	1270	1030	3	16	450	750	475	1660	333	0,965	89,0	$75{,}5 \cdot 10^{-4}$
9	350	250	50	40	3100	2860	2620	4	36	200	333	1200	4500	310	0,960	89,5	$83{,}5 \cdot 10^{-4}$

und liegt bei den durchgerechneten Motoren zwischen 50—60 mm. Die Statoreisenstärke bzw. der Statoraußendurchmesser hingegen läßt sich nicht ohne weiteres angeben, da diese Maße nicht immer vom gewählten Kraftfluß, sondern auch von der gewählten Wicklungsanordnung abhängen. Wenn die Wendepolnuten gleich tief wie die Kompensationsnuten gestanzt werden, so müssen die Wickelköpfe der Feldwicklung entsprechend gekröpft werden. Will man dies vermeiden, so werden die Wendepolnuten entsprechend tiefer gestanzt, es muß aber dann der Außendurchmesser des Statorbleches etwas größer ausgeführt werden.

Was die Statorkonstruktion anlangt, so kann entweder die Vorgelegewelle unmittelbar an den äußeren Umfang der Statorbleche gelagert oder es müssen die Statorbleche an dieser Stelle etwas eingeschnitten werden, wodurch die Zentrale verkleinert wird.

Trotz der erwähnten Verschiedenheit in den Konstruktionen und Kraftflüssen schwankt bei den praktischen Ausführungen der einzelnen

Firmen, wie später bei einer großen Anzahl von Antrieben gezeigt werden wird, die Statoreisenstärke beim einfachen Serienmotor nur zwischen 110—120 mm und beim Motor mit verstärktem magnetischen Fluß nur zwischen 140—160 mm.

IV. Grundgleichungen und Grenzleistungen der einzelnen Antriebe.

Die Untersuchungen im vorhergehenden Abschnitt haben ergeben, bis zu welcher Ankerumfangsgeschwindigkeit die Einphasenkommutatormotoren bei den zur Zeit möglichen Materialbeanspruchungen berechnet und gebaut werden können. Ferner kann auch die Statoreisenstärke für die beiden ausgeführten Motorarten (mit und ohne Widerstandsverbindungen) mit einiger Übung für die einzelnen Motorleistungen mit genügender Genauigkeit geschätzt werden. Diese Ergebnisse werden für die Bauart des Antriebes von großer Wichtigkeit sein.

Die nächste Aufgabe besteht darin, die Beziehungen zu entwickeln, die zwischen Ankerdurchmesser bzw. Motorleistung-, Triebraddurchmesser und Fahrgeschwindigkeit für die verschiedenen bisher ausgeführten Antriebe bestehen und so übersichtlich darzustellen, daß die Berechnung dieser Größen mit keinem zu großen Zeitaufwand verbunden ist und ein Vergleich der verschiedenen Antriebe rasch angestellt werden kann.

In der Literatur finden sich schon einzelne Gleichungen zwischen diesen Größen. Es sei hier auf die Arbeiten von Dr. Seefehlner in seinem Werk „Elektrische Zugförderung“ und auf einen Aufsatz von Dr. Döry in der Schweizer Bauzeitung 1922 hingewiesen.

Es werden nun die wesentlichen bisher ausgeführten Antriebe für Einphasenwechselstromlokomotiven mit ihren charakteristischen Eigenschaften kurz beschrieben und die erwähnten Beziehungen in Gleichungsform aufgestellt. Mit Hilfe dieser Gleichungen, die jeweils nur für den bestimmten Antrieb gelten, für den sie abgeleitet werden, kann man die größte Leistung bzw. den größten Ankerdurchmesser ermitteln, der bei einem gegebenen Triebwerk und einer bestimmten Fahrgeschwindigkeit eingebaut werden kann. Auch kann man im umgekehrten Fall bei gegebenem Motor und einer bestimmten Fahrgeschwindigkeit den kleinsten Triebraddurchmesser ermitteln, der hierbei noch verwendet werden kann. Die für den Lokomotivkonstrukteur wichtigen Grenzleistungen der einzelnen Antriebe lassen sich ebenfalls daraus für jeden beliebigen Achsdruck in einfacher Weise ermitteln.

Der größeren Übersichtlichkeit halber ist für die einzelnen Gleichungen die nomographische Abbildung gewählt worden, die sich, wie gezeigt werden wird, für die Darstellung der vielen darin vorkommenden veränderlichen Größen vorzüglich eignet.

Die bisher ausgeführten Antriebe lassen sich in zwei große Gruppen einteilen, und zwar:

1. Einzelachsantriebe, bei denen jede Triebachse unabhängig von den anderen von einem besonderen Motor oder einer Motorgruppe angetrieben wird;

2. Gruppenantriebe, wobei mehrere durch Kuppelstangen zu einer Gruppe verbundene Triebachsen von einem Motor oder einer Motorgruppe angetrieben werden.

I. Einzelachsantrieb.

Hierher gehören:

1. der direkt treibende Motor,
2. der Tramantrieb,
3. der Westinghouse-Antrieb,
4. der Buchli-Antrieb und
5. der Einzelachsantrieb mit Zwischenrad.

1. Direkt treibender Motor.

Jede Triebachse der Lokomotive erhält einen Motor, welcher konzentrisch um diese angeordnet ist (Abb. 6).

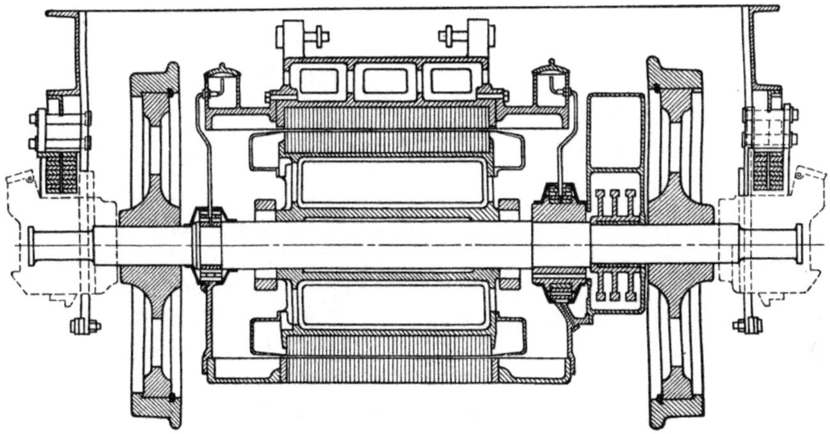

Abb. 6.

Die Grundgleichungen zur Ermittlung des größten Ankerdurchmessers bei gegebenen Ankerumfangsgeschwindigkeiten, Fahrgeschwindigkeit und Triebraddurchmesser sind einfach und lauten:

$$\frac{\Phi}{D} = \frac{v_k}{3{,}6\, v_a}; \qquad D = \Phi - 2\,(b + s)\,. \tag{11}$$

Hierbei bedeuten:

Φ = Triebraddurchmesser in Meter,
D = Ankerdurchmesser in Meter,
v_k = Fahrgeschwindigkeit in km/Std.,
v_a = Ankerumfangsgeschwindigkeit in m/Sek.,
b = kleinster Abstand des Motorgehäuses von S. O.,
s = Statoreisenstärke + Luftspalt + Toleranz in Meter.

Diese beiden Gleichungen lassen sich nomographisch durch zwei Z-Tafeln und eine Differenztafel übersichtlich darstellen. Diese Z-Tafeln wurden aus dem Grunde gewählt, weil ihre Skalen eine lineare Einteilung haben, die eine genaue und sichere Ablesung von den kleinsten bis zu den größten Werten gestatten und jederzeit leicht konstruiert werden können. Die Parallelkoordinatentafeln mit logarithmischen Skalen würden nicht diese Ablesegenauigkeit haben und viel größere Mühe bei der Herstellung verursachen.

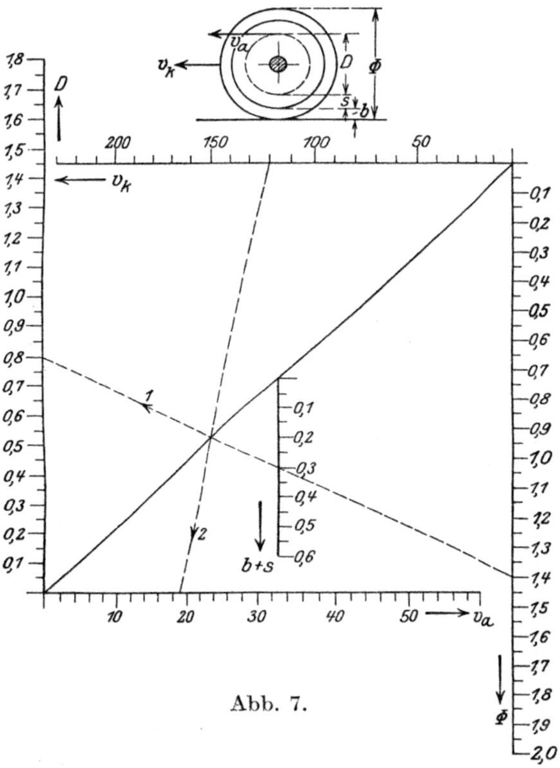

Abb. 7.

Die Konstruktion eines derartigen Nomogrammes, wie es in Abb. 7 dargestellt ist, läßt sich wie folgt durchführen. Man zeichnet sich zuerst ein Rechteck mit einer Diagonalen, die Zapfenlinie genannt wird. Auf zwei gegenüberliegenden Seiten werden zwei voneinander gänzlich unabhängige Maßstäbe für Φ und D aufgetragen. Auf der Zapfenlinie ergibt sich eine projektive Skala für den Quotienten von $\frac{\Phi}{D}$. Da dieser Quotient für die Rechnung kein weiteres Interesse hat, so ist es nicht nötig, diese Skala einzuzeichnen. Nun wird der Verhältniswert $\frac{v_k}{3{,}6 \cdot v_a}$ auf den beiden anderen Rechteckseiten aufgetragen. Führt man die

Maßstabkonstanten μ für die einzelnen Größen ein, so ergibt sich der Maßstab für v_a wie folgt:

$$\frac{\Phi}{D}\frac{\mu_\Phi}{\mu_D} = \frac{v_k \cdot \mu_{v_k}}{3{,}6 \cdot v_a \cdot \mu_{v_a}}.$$

Setzt man für Φ, D, v_k, v_a die Einheit, so ergibt sich

$$\mu_{v_a} = \frac{\mu_D \cdot \mu_{v_k}}{3{,}6\,\mu_\Phi}.$$

Es wurden gewählt: $\mu_\Phi = 0{,}01$ mm

$\mu_D = 0{,}01$ „

$\mu_{v_k} = 0{,}4$ „

daraus ergibt sich: $\mu_{v_a} = 1{,}4$ „ .

Man kann zur Kontrolle diese Skala auch punktweise unter Zuhilfenahme der Zapfenlinie konstruieren.

Die Skala für $(b + s)$ ist parallel zu Φ bzw. D. Ihr Anfangspunkt liegt in der Verbindungslinie von gleichen Werten für Φ und D mit der Zapfenlinie, also z. B. $\Phi = 1{,}0$ und $D = 1{,}0$. Der Maßstab dieser Skala μ_b ist durch die Beziehung gegeben $\frac{1}{\mu_b} = \frac{1}{\mu_\Phi} + \frac{1}{\mu_D}$, wenn μ_Φ und μ_D die Maßstäbe für Φ und D sind. Da in unserem Falle $\mu_\Phi = \mu_D$ ist, so ist $\mu_b = \frac{\mu_\Phi}{2} = \frac{\mu_D}{2}$. Auch diese Skala kann punktweise ohne vorherige Berechnung des Maßstabes gefunden werden.

Aus diesem Nomogramm sieht man ohne weiteres, daß die Ankerumfangsgeschwindigkeiten bei den normal vorkommenden Fahrgeschwindigkeiten so niedrig liegen, daß dieser Antrieb für moderne Einphasenlokomotiven vollkommen ausscheidet, während er für Gleichstromlokomotiven noch eine praktische Bedeutung hat.

Hinsichtlich der Kraftübertragung vom Anker auf die Triebachse können verschiedene Ausführungsarten unterschieden werden.

a) Der Anker ist auf der Achse fest aufgekeilt (Abb. 6), während der Stator auf der Triebachse direkt gelagert ist, so daß das gesamte Motorgewicht zur Vergrößerung des ungefederten Lokomotivgewichtes beiträgt. Nach dieser Bauart wurde für die ersten Probefahrten der sechsachsige SSW-Schnellbahnwagen Marienfelde—Zossen mit sechspoligen 50periodigen Drehstrommotoren und die erste Lieferung von vierachsigen Triebwagen der Londoner Untergrundbahn mit vierpoligen Gleichstrommotoren ausgeführt. Obwohl nach dem Bericht der Studiengesellschaft für elektrische Schnellbahnen in Berlin im Jahre 1902 die ungefederte Motoraufhängung keine Nachteile zeigen soll, so hat man sie doch später verlassen und den Motor gefedert aufgehängt, wie dies bei dem Schnellbahnwagen der AEG bereits der Fall war.

b) Der Motor sitzt auf einer Hohlwelle (Abb. 8), welche durch eine nachgiebige Kupplung mit der Triebachse verbunden ist. Der gesamte Motor ist dadurch am Rahmen aufgehängt und gegen die Triebräder vollkommen abgefedert. Diese Konstruktion wurde beim sechsachsigen AEG-Schnellbahnwagen Marienfelde-Zossen und bei 41 Lokomotiven der Achsanordnung 1 AA + AA 1 für Gleichstrom und Einphasenwechselstrom, die im Jahre 1907 für die New York—New Haven Hartford-Bahn geliefert wurden, angewandt.

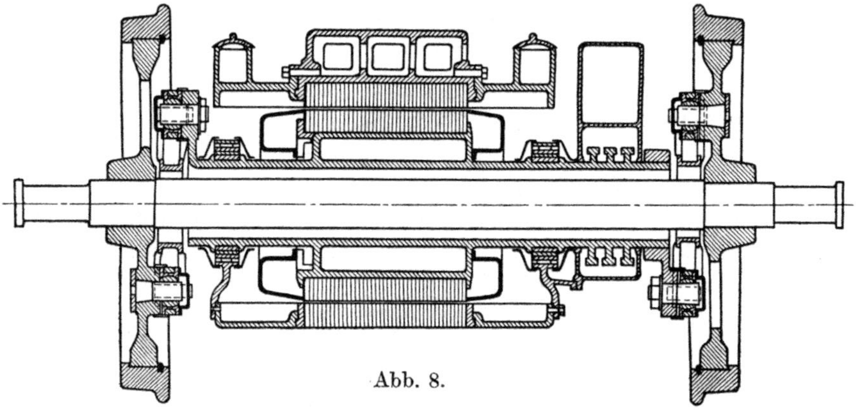

Abb. 8.

Die wesentlichen Daten des Schnellbahnwagens und des Getriebes sind im folgenden angegeben [1]):

Spurweite	1435 mm
Fahrdrahtspannung	12 000 Volt
Stromart	Drehstrom 50 Perioden
Spannung am Motor	435 Volt
Triebraddurchmesser	1,250 m
Ankerdurchmesser	0,780 m
Abstand Motorunterkante von *SO* . . .	$b = 0{,}1$ m
Statoreisenstärke + Luftspalt	$s = 0{,}135$ m
Größte Fahrgeschwindigkeit	$v_k = 210$ km/Std.

Trotz der großen Fahrgeschwindigkeit beträgt die Ankerumfangsgeschwindigkeit nur $\div$ 36,4 m/Sek.

c) Der Anker sitzt fest auf der Achse (Abb. 9), nur der Stator ist im Lokomotivrahmen befestigt und daher gegenüber der Triebachse abgefedert. Diese Bauart, bei der das ungefederte Gewicht in erträglichen Grenzen bleibt, ist aber nur bei zweipoligen Gleichstrommotoren mit horizontal angeordneten Polen möglich. Wegen dieser Polanordnung kann bei kleinst zulässigem Abstand von Motorgehäuseunterkante bis S. O. der Ankerdurchmesser größer als bei vierpoligen Motoren ausgeführt

[1]) Vgl. Bericht der Studiengesellschaft für elektrische Schnellbahnen.

und daher eine Ankerumfangsgeschwindigkeit erreicht werden, die den Bau von Lokomotiven mit diesem Antrieb ermöglicht.

Diese Bauart, die von Bachelder (GEC) herrührt, wird bei größeren Gleichstromschnellzuglokomotiven vorzugsweise in U. S. A. angewendet. Bisher wurden mit diesem Antrieb ausgeführt:

Für New York Central Hudson River	1906	35 Lok.	1—AAAA—1
,, ,, ,, ,, ,, ,,	1909	12 ,,	2—AAAA—2
,, ,, ,, ,, ,, ,,	1913	10 ,,	AA—AA—AA—AA
,, ,, ,, ,, ,, ,,	1914	6 ,,	AA—AA—AA—AA
,, Chicago-Milwaukee & St. Paul	1918	5 ,,	1—AA—AAAA+AAAA—AA—1
,, Paris—Orléans	1923	1 Probelokomotive	2—AAA+AAA—2.

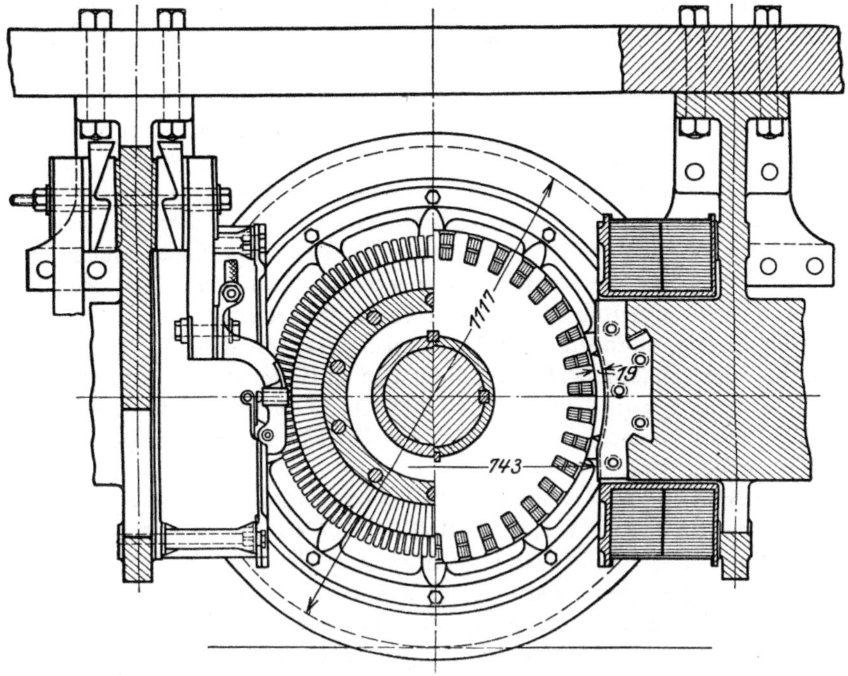

Abb. 9.

Im folgenden werden die wichtigsten Daten der zur Zeit stärksten elektrischen Schnellzuglokomotiven der Welt, der 14achsigen Lokomotive der Ch. M. & St. P. (Abb. 10), angegeben:

Spurweite	1435 mm
Fahrdrahtspannung Gleichstrom	3000 Volt
Dauerleistung 1 Motor bei vollem Feld bei 45,6 km/Std. = 217 Upm.	200 kW
Dauerzugkraft je Triebachse	1590 kg
Triebachsdruck	17 300 kg
Adhäsion bei 45,6 km/Std.	1 : 10,85

Triebraddurchmesser	1117 mm
Abstand Motorunterkante von *SO*	135,5 mm
Ankerdurchmesser d_1	736 mm
Luftspalt = $^3/_4$ Zoll	19 mm
Kommutatordurchmesser d_2	640 mm = 0,84 d_1
Größte Fahrgeschwindigkeit 65 miles/h	104 km/Std.
Ungefedertes Gewicht je Triebachse	4350 kg
Gesamtgewicht der Lokomotive	240 t
Größte Ankerumfangsgeschwindigkeit	19,1 m/Sek.

Man sieht daraus, daß die je Achse untergebrachte Leistung nur 200 kW dauernd bei 45,6 km/Std. beträgt, so daß der zur Verfügung stehende Achsdruck von 25,4 t nicht ausgenützt werden konnte. Die Lokomotive wurde mit 17,3 t Achsdruck gebaut und mußte daher 12 Triebachsen erhalten, um die erforderliche Zugkraft für den 870 t schweren D-Zug auf $20^0/_{00}$ Steigung leisten zu können.

Trotz dieses scheinbaren Nachteiles sollen, wie aus den Veröffentlichungen in der General Electric Review und im Electric Railway Journal hervorgeht, die Betriebsergebnisse dieser Lokomotive sehr günstig sein, wozu das ungefederte Gewicht je Triebachse von nur 4350 kg sehr viel beitragen dürfte. Weiter sollen diese Lokomotiven hinsichtlich der Lauffähigkeit des mechanischen Teiles, des günstigen Gesamtwirkungsgrades bei hohen Geschwindigkeiten und der geringen Wartung der Motoren und des Antriebes, wegen des Fehlens jeglicher Zahnräder, Federn und Kupplungen so zufriedenstellend arbeiten, daß diese Bauart bei Gleichstromvollbahnen nicht nur in U. S. A. — wie die Probelokomotive Paris—Orleans für 136 km/Std. zeigt — weiter beibehalten wird.

Hierzu ist zu bemerken, daß diese Lokomotive nach europäischen Begriffen nicht so günstig beurteilt würde, denn sie wiegt pro kW Std.-Leistung 90 kg. Bei ihrer Gesamtleistung von 2600 kW sollte sie aber rund 56 kg wiegen. Der Grund der verschiedenen Beurteilung liegt wohl darin, daß die Amerikaner neben den günstigen Anschaffungskosten auch großen Wert auf geringe Betriebskosten legen, während bei uns die elektrischen Lokomotiven vorwiegend nach der günstigsten Baustoffwirtschaft beurteilt werden, was den Nachteil hat, daß bei manchen unserer Bauarten die Betriebskosten oft erschreckend hoch sind, wie folgende Überlegungen zeigen werden, ohne eine bestimmte Lokomotivtype bevorzugen zu wollen.

Sind beispielsweise bei einer Lokomotivtype mehrwöchige Revisionen in der Hauptwerkstätte schon nach 40000—50000 km erforderlich und bei einer anderen Type erst nach 90000—100000 km, so können im letzteren Falle die Werkstatteinrichtungen bedeutend kleiner sein und braucht nur die Hälfte des Personales gehalten zu werden. Es kann für einen bestimmten Fall jederzeit berechnet werden, um wieviel eine

Lokomotive im Anschaffungspreis teurer sein und ein größeres Gewicht je kW dd haben kann, damit sie trotz des größeren Kapitaldienstes dem Betriebe billiger kommt als die leichtere Maschine mit größeren Revisionskosten. Ob nun die Stromkosten für die schwerere Maschine größer werden, kann allgemein nicht gesagt werden. Es sei beispielsweise das Gewicht der Lokomotive 16% vom Zuggewicht und die Lokomotive würde 10% schwerer werden, so macht dies im gesamten Zuggewicht nur 1,5% aus. Die schwerere Lokomotive kann aber unter Annahme des günstigsten Antriebes einen kleineren Fahrwiderstand haben, so daß ihr größeres Gewicht sich erst auf den Steigungen bemerkbar macht. In diesem Falle können die durchschnittlichen Stromkosten sogar kleiner sein.

Es wird also für die Eisenbahnbehörden in Zukunft bei der Entscheidung über Wahl einer bestimmten Type zu erwägen sein, daß nicht allein der niedrigste Preis und das kleinste Gewicht je kW ausschlaggebend ist, sondern auch die Unterhaltungskosten in gebührender Weise berücksichtigt werden müssen.

2. Zahnradmotor mit Tramaufhängung.

In Abb. 11 ist dieser Antrieb, der von Sprague aus Amerika herrührt, dargestellt. Der Motor ist auf der einen Seite mit der Triebachse durch zwei Lager verbunden und auf der anderen Seite — bei vereinzelten Konstruktionen auch im Schwerpunkt — federnd am Fahrzeug-

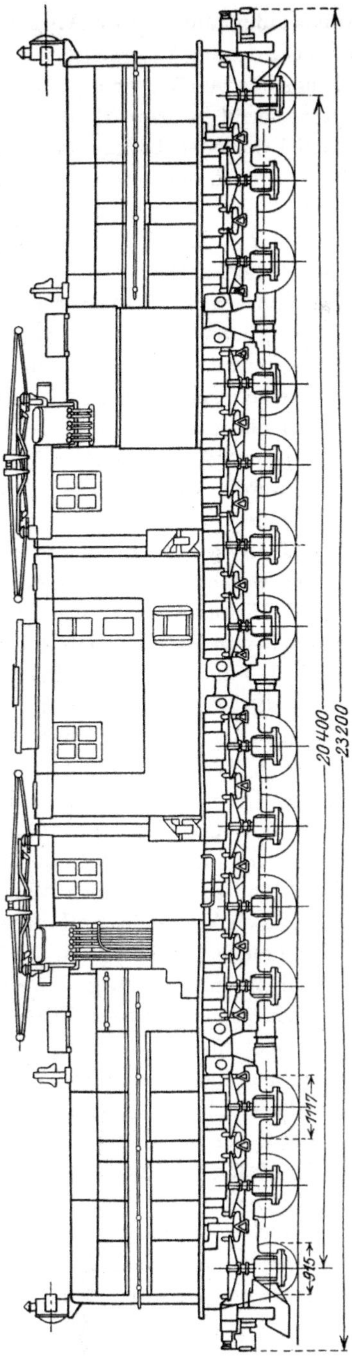

Abb. 10. Schnellzuglokomotive der Ch. M. & St. P. Rly.

rahmen aufgehängt. Der Antrieb erfolgt durch ein einfaches Zahnradvorgelege, dessen Vorgelegerad fest auf der Radachse sitzt. Die Verbindungslinie von Motormitte zur Triebachsmitte — Zentrale genannt — soll annähernd horizontal sein, damit die freie Beweglichkeit der Triebachse bei Schienenstößen nach oben nicht zu sehr gehemmt wird. Es muß auch dafür gesorgt werden, daß die Zentrale sich im Laufe des Betriebes nicht verändert, weil sonst der gute Zahneingriff darunter leiden würde. Ein Teil des Motorgewichtes trägt zur Vergrößerung der ungefederten Massen bei.

Der Zahndruck verändert je nach der Drehrichtung des Motors und dem jeweils ausgeübten Drehmomente das Verhältnis von gefederter zu ungefederter Achslast. Auf die Größe des absoluten Achsdruckes hat er jedoch keinen Einfluß. Das Schwungmoment des Ankers ruft bei vertikalen Stößen der Triebachse zusätzliche Beanspruchungen in den Zähnen und in den Aufhängevorrichtungen hervor. Bei größeren Motoren werden deshalb die Zahnkränze der großen Zahnräder tangential abgefedert.

Der Tramantrieb wird bei Straßenbahn- und Triebwagen durchgehend verwendet. Die außerordentlich rasche Verbreitung der Straßenbahn seit Einführung dieses Antriebes ist wohl nicht zuletzt auf die Einfachheit und Betriebssicherheit dieser Konstruktion zurückzuführen.

Die bisher erschienenen wissenschaftlichen Abhandlungen über diesen Antrieb erstrecken sich meistens auf die beim Überfahren von Schienenstößen hervorgerufenen zusätzlichen Beanspruchungen der Motoraufhängung, der Zahnräder und des Oberbaues, wenn große Motorleistungen (d. s. Gewichte) und höhere Geschwindigkeiten in Frage kommen. Die Größe der zu erwartenden Beanspruchungen kann unter gewissen Annahmen berechnet werden[1]).

Es liegen jedoch meines Wissens bis zur Zeit weder einwandfreie Versuche noch Versuchsergebnisse über den Zusammenhang von Motorgewicht, Fahrgeschwindigkeit und Achsdruck vor. Über die Größe der zulässigen Beanspruchung können nur große und umfangreiche, in langen Zeiträumen angestellte Versuche entscheiden, wobei auch die Art des Ober- und Unterbaues, des Schienenprofiles und der Schienenverbindungen berücksichtigt werden müssen.

Im Electric Railway Journal vom 25. August 1923 ist ein Apparat, Otheograph genannt, beschrieben, der sowohl die vertikalen als auch die horizontalen Schienenstöße aufzeichnet. In Abb. 12 sind Diagramme wiedergegeben, die von der GEC mit dem Otheographen an elektrischen und Dampflokomotiven aufgenommen wurden. Er wird an besonders dazu gebauten und fest fundierten Schwellen montiert und soll eine ziemlich genaue Messung der Drücke gestatten. Er scheint mir zu Ver-

[1]) Vgl. Brecht: Kraftbetriebe und Bahnen. S. 14. 1909.

gleichszwecken sehr gut geeignet zu sein. So hat z. B. die Eriebahn 25 derartige Apparate bestellt, die sie an verschiedenen Stellen des

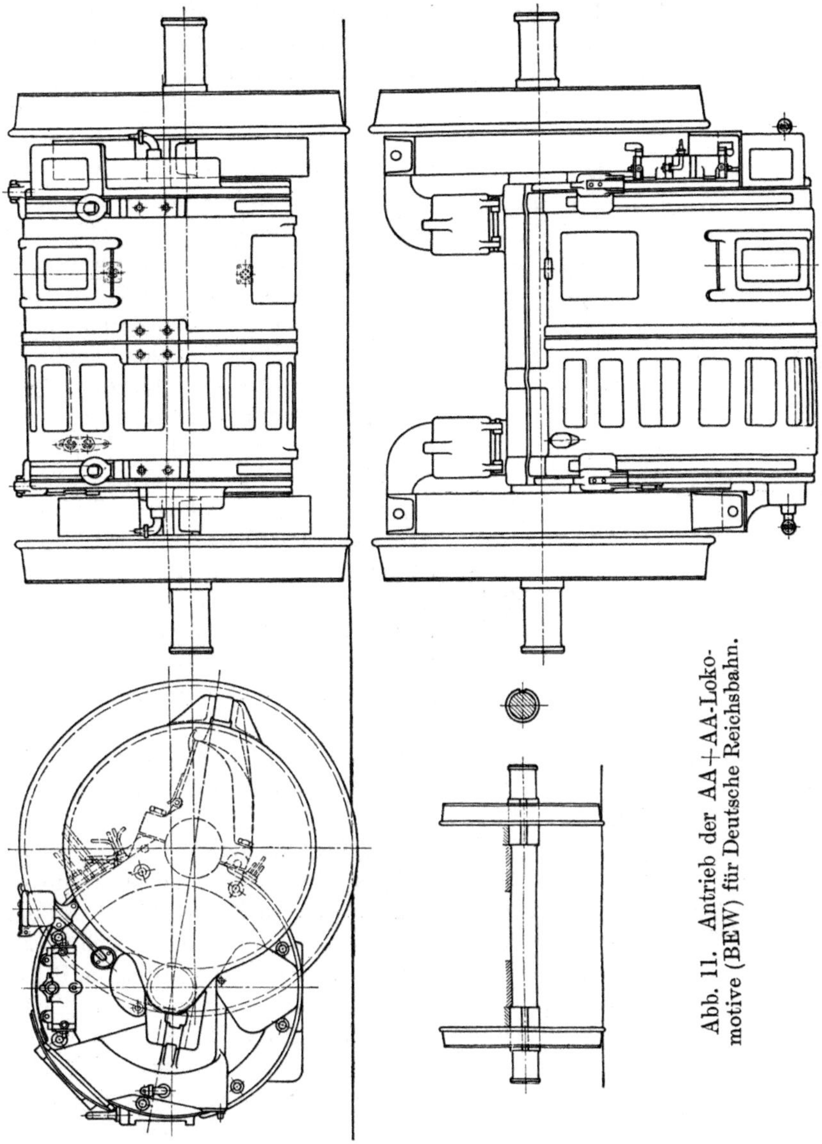

Abb. 11. Antrieb der AA + AA-Lokomotive (BEW) für Deutsche Reichsbahn.

Bahnkörpers einbauen will, um sich damit über die Güte der verwendeten Lokomotivkonstruktionen ein klares Bild machen zu können.

Dieser oder ein ähnlicher Apparat scheint auch für unsere elektrifizierten Strecken unumgänglich nötig zu sein, um Klarheit über die

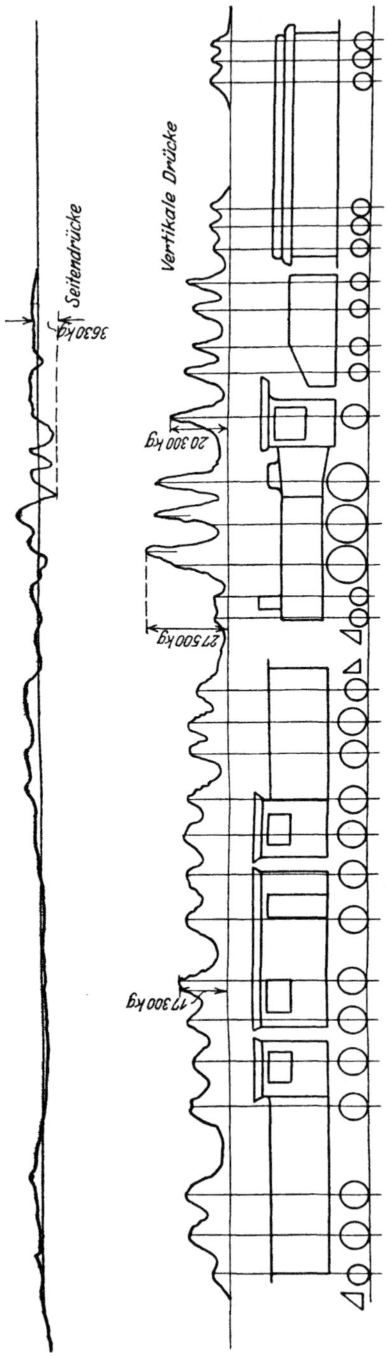

Abb. 12.

Größe der Zulässigkeit der ungefederten Gewichte in wissenschaftlich einwandfreier Weise zu bekommen und um so mit alten Vorurteilen gründlich aufzuräumen.

Des Interesses halber sind in nebenstehender Tabelle 2 die wesentlichen Maße der zur Zeit laufenden deutschen Dampflokomotiven mit den berechneten bzw. gewogenen Gewichten der unabgefederten Laufwerkteile wiedergegeben. Die tatsächlich auftretenden gesamten Achsdrücke sind durch die zusätzlichen, von Fliehkräften hervorgerufenen Drücke bedeutend größer und ändern sich periodisch mit der Triebwerksstellung. Wie die vielen in der letzten Zeit ausgeführten elektrischen Lokomotiven mit Tramantrieb zeigen, braucht der Gesamtschwerpunkt der Lokomotive wegen der Tieflage der Motoren durchaus nicht tief zu liegen. Bei Einphasenlokomotiven, wo das Motorgewicht nur ca. 40% der elektrischen Ausrüstung ausmacht, ist die Forderung nach einer hohen Lage des Gesamtschwerpunktes erfüllbar.

Da dieser Antrieb bei uns immer mehr an Bedeutung gewinnt und in den U. S. A., in England und in dem übrigen Ausland bei elektrischen Lokomotiven selbst bei größeren Fahrgeschwindigkeiten faßt ausschließlich verwendet wird, erscheint es angebracht, denselben hinsichtlich der je Raddurchmesser unterbringbaren größten Ankerdurchmesser bzw. Leistung genau zu untersuchen. Es erscheint dies um so vorteilhafter, als die Ergebnisse dieser Untersuchungen für einige kombinierte Zahnrad- und

Tabelle 2. Dampflokomotiven.

Lokomotivtype	Achsenanordnung		Höchstgeschwindigkeit km/Std.	Triebraddurchmesser mm	Triebachsdruck in t	Tote Lasten mit Stangenanteil: Drehgestell t	Triebachse t	Kuppelachse I t	Kuppelachse II t	Kuppelachse III t	Kuppelachse IV t	Anmerkung
T_{12}	1—C	(HPTL)	80	1500	16,650	2,24	3,900	3,140	2,750	—	—	Krauß-Drehgestell
T_{18}	2—C—2	(HPTL)	90	1650	15,490	4 × 1,938	4,554	3,447	3,461	—	—	2 × zweiachsiges Drehgestell
P_8	2—C	(HPL)	100	1750	16,990	2 × 3,005	4,670	3,590	3,510	—	—	1 × zweiachsiges Drehgestell
P_{10}	1—D—1	(HPL)	120	1750	ca. 19,000	2 × 2,430	5,475	3,716	4,258	4232	—	—
$P^3/_5$	2—C	(HPL)	90	1640	15,800	2 × 2,540	4,450	3,400	3,300	—	—	1 × zweiachsiges Drehgestell
S_{10}	2—C	(HSL)	110	1980	16,980	2 × 1,938	5,358	4,167	4,081	—	—	„ „
S_{10}^1	2—C	(HSL)	110	1980	17,120	2 × 2,980	I. Triebachse 4,825	II. Triebachse 4,635	4,045	—	—	„ „
S_{10}^2	2—C	(HSL)	110	1980	17,220	2 × 1,934	5,282	4,353	4.176	—	—	„ „
$S^3/_6$	2—C—1	(HSL)	120	1870	17,800	2 × 2,75	5,150	3,610	3,610	Hintere Laufachse 2,190	—	„ „
G_8^1	D	(HGL)	55	1350	16,955	—	4,250	2,850	2,945	2,860	—	—
G_8^2	1—D	(HGL)	65	1400	17,010	—	4,250	2,860	2,945	2,850	Hintere Laufachse 2,170	—
G_{10}	E	(HGL)	60	1400	14,505	—	4,202	2,692	2,839	2,839	2,692	—
$G^5/_5$	E	(HGL)	60	1270	16,700	—	4,675	2,700	2,900	2,875	2,700	—
$G^3/_4$	1—C	(HGL)	65	1350	16,600	1,600	3,940	2,670	2,650	—	—	Vordere Adamsachse

Kuppelstangenantriebe, wie später gezeigt werden wird, fast unverändert Geltung haben.

Im folgenden wird aus den einzelnen Bestimmungsgleichungen die Grundgleichung des Antriebes abgeleitet. Die Bezeichnungen sind die gleichen wie bei Antrieb 1. Es kommen neu hinzu:

z = Zentrale in m,
r = Radius des Ritzelteilkreises,
R = Radius des Achszahnrades (Teilkreis),
$\ddot{u}$ = Zahnradübersetzung,
d = Durchmesser der Triebachse + Toleranz,
n_t = Triebraddrehzahl,
n = Motordrehzahl.

Die einzelnen Bestimmungsgleichungen lauten:

$$v_a = \frac{D\pi n}{60}, \qquad (12)$$

$$z \geqq \frac{D + 2s + d}{2}, \qquad (13)$$

$$n_t = \frac{n}{\ddot{u}}, \qquad (14)$$

$$v_k = \frac{\Phi\pi \cdot n_t \cdot 3{,}6}{60}, \qquad (15)$$

$$v_z = \frac{2r\pi n}{60} = \frac{2\pi n}{60} \cdot \frac{z}{\ddot{u}+1}, \qquad (16)$$

wobei

$$\left.\begin{array}{l} r + R = z \\ \dfrac{R}{r} = \ddot{u} \end{array}\right\} r = \frac{z}{\ddot{u}+1}.$$

Ferner kann man v_z auch wie folgt ausdrücken:

$$v_z = \frac{(\Phi - 2b)\pi \cdot n_t}{60}. \qquad (17)$$

Aus Gleichung (16) wird $\ddot{u}$ berechnet zu

$$\ddot{u} = \frac{2 \cdot z \cdot v_a}{v_z \cdot D} - 1 \geqq \frac{(D + 2s + d)v_a - v_z \cdot D}{v_z \cdot D}$$

und in Gleichung (12) und (17) eingesetzt, ergibt

$$v_z = \frac{(\Phi - 2b)\pi \cdot v_a \cdot 60}{60 \cdot \ddot{u} \cdot D \cdot \pi} \leqq \frac{(\Phi - 2b)v_a \cdot v_z \cdot D}{D[(D + 2s + d)v_a - v_z \cdot D]},$$

woraus sich die gesuchte Beziehung von D ergibt:

$$D \leqq \frac{(\Phi - 2b) - (2s + d)}{\dfrac{v_a - v_z}{v_a}}. \qquad (18)$$

Aus dieser Gleichung ist ohne weiteres ersichtlich, daß D bei gegebenem Triebraddurchmesser und bekannter Fahrgeschwindigkeit um so größer wird, je größer v_z und je kleiner d, s und b sind.

Da aber beim Tramantrieb die Überhöhung h der Motormitte über der Triebradmitte wegen des sonst zu sehr behinderten vertikalen Spiels der Triebradachse nur eine sehr beschränkte sein kann, so muß nach Ermittlung des größten Ankerdurchmessers noch untersucht werden, ob die Größe h einen noch zulässigen Wert ergibt. Die Tangente des Winkels, den die Zentrale mit der Horizontalen einschließt, ist wegen der Kleinheit des Winkels angenähert gleich dem Sinus, der bei den modernen Ausführungen 0,14 bis 0,15 beträgt. Wird dieser Wert überschritten, so muß ein kleinerer Ankerdurchmesser gewählt werden, der durch die Wahl eines kleineren v_a oder eines kleineren v_z erreicht wird. Im allgemeinen wird man das v_z verkleinern (also b größer wählen), damit die Materialausnützung des Motors nicht verschlechtert wird.

Mit der Gleichung (8) kann man zwar den größtmöglichen Ankerdurchmesser, jedoch nicht die größte Motorleistung je Triebraddurchmesser ermitteln, weil der Wert der Ankerumfangsgeschwindigkeit, bei dem die Motorleistung ein Maximum wird, nicht ohne weiteres daraus hervorgeht.

Um die größte Leistung je Triebachse zu erhalten, muß man auf die Leistungsgleichung (1) zurückgreifen:

$$W = \frac{60}{\pi} \cdot C \cdot l \cdot D \cdot v_a \cdot 10^{-4} = \frac{60}{\pi} \cdot C \cdot l \cdot 10^{-4} \frac{[(\Phi - 2b) - (2s + d)]\, v_a^2}{v_a - v_z}$$

$$= A \cdot \frac{v_a^2}{v_a - v_z}.$$

Dies ist, wie man leicht nachweisen kann, die Gleichung einer Hyperbel. Zur Ermittlung der Grenzwerte muß W nach v_a differenziert werden:

$$\frac{dW}{dv_a} = \frac{A \cdot v_a (v_a - 2v_z)}{(v_a - v_z)^2}. \tag{19}$$

Für $\frac{dW}{dv_a} = 0$ ergeben sich die Werte $v_{a_1} = 0$ und $v_{a_2} = 2v_z$. Der erste Wert hat aber für diese Rechnung keine weitere Bedeutung, da er dem zweiten Ast der Hyperbel angehört. Der zweite Wert $v_a = 2v_z$ ergibt, wie man sich durch Bildung von $\frac{d^2W}{dv_{a_2}}$ leicht überzeugen kann, ein Minimum. Um sich ein Bild über den Einfluß von v_z und v_a auf die Größe der Leistung ganz im allgemeinen machen zu können, sind in Abb. 13 die Werte von $y = \frac{v_{a_2}}{v_a - v_z}$ als Funktion von v_a für verschiedene v_z aufgetragen. Will man die Leistungen berechnen, so muß man den Wert y mit $A = \frac{60}{\pi} \cdot C \cdot l \cdot 10^{-4} \cdot [(\Phi - 2b) - (2s + d)]$ multiplizieren. Zur Konstruktion dieser Hyperbel ist es zweckmäßig, die Asymptoten zu zeichnen, und zwar:

$$y = x + v_z$$

und

$$x = v_z\,,$$

wobei $x = v_a$ zu setzen ist.

Man sieht aus den Kurven, daß man auch bei kleinen Ankerumfangsgeschwindigkeiten sehr große Werte der Motorleistung erhalten kann, auch größere, als sich für $v_a = 50$ m/Sek. ergeben würden. Für den Lokomotivbau ist aber nicht nur die größte Leistung je Achse, sondern vorwiegend die spezifische Leistung, das ist die Leistung je Gewichtseinheit, maßgebend, weil die gegebenen Achsdrücke eingehalten werden müssen, was nach meiner Erfahrung bei jedem Entwurf die größten Schwierigkeiten bereitet. Da aber im Abschnitt II bereits nachgewiesen wurde, daß das Motorgewicht annähernd proportional dem Ankerdurchmesser ist, so ist auch die spezifische Leistung diesem Durchmesser proportional.

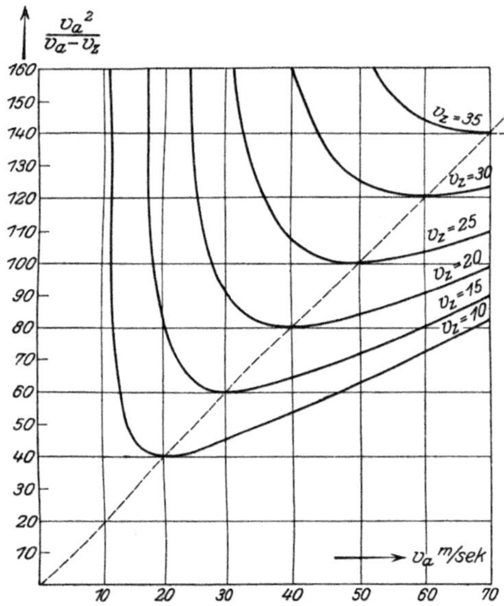

Abb. 13.

Aus Gleichung (18) ist zu ersehen, daß v_z groß sein muß, um eine große Leistung je Achse zu erhalten. Das Achszahnrad muß daher so groß gewählt werden, als es die Eisenbahnvorschriften mit Rücksicht auf das kleinste zulässige b gestatten. Die größtmöglichste Zahnradumfangsgeschwindigkeit ist aber durch Annahme von v_k und Φ bereits gegeben. Bei Eisenbahnantrieben wird bei bestmöglichster Lagerung der Zahnräder nach dem heutigen Stande der Technik mit Rücksicht auf die Schmierung und die Lebensdauer der Zahnräder, je nach den Zahndrücken, eine Geschwindigkeit v von 18 bis 24 m/Sek. als äußerste Grenze für das v_z angesehen. Bei Güterzuglokomotiven werden wegen der kleineren Fahrgeschwindigkeiten die Grenzen der v_z-Werte nicht erreicht.

Es ist daher für die praktischen Ausführungen bei den zur Zeit üblichen Werten von v_a und v_z der rechts aufsteigende Ast der Kurven Abb. 13, also die großen Werte von v_a, maßgebend. Sollte es in Zukunft möglich sein, größere v_z bis 30 m/Sek. und darüber hinaus ausführen zu können, so wäre es bei Schnellzuglokomotiven möglich, evtl. auch durch Verkleinerung von v_a größere Leistungen zu erzielen, sofern dadurch das größtzulässige Gewicht je Kilowatt Lokomotivleistung nicht überschritten wird.

Durch die Festsetzung der äußersten Werte der Geschwindigkeiten für v_a und der größtmöglichen Überhöhung h werden hauptsächlich die Grenzen der Ausführungsmöglichkeiten dieses Antriebes bestimmt.

Wie bereits erwähnt, liegt bei größerem Motoraußendurchmesser die Motorachse um h über der Triebradachse. Man kann die Lage des Motormittelpunktes analytisch ermitteln, wenn die Abmessungen des Motors gegeben sind. Zwischen dem Abstand des Zahnrades und des Motors über S. O. sind zwei verschiedene Bezeichnungen a und b gewählt, weil auch die Bahnvorschriften diese Unterschiede machen (Abb. 14).

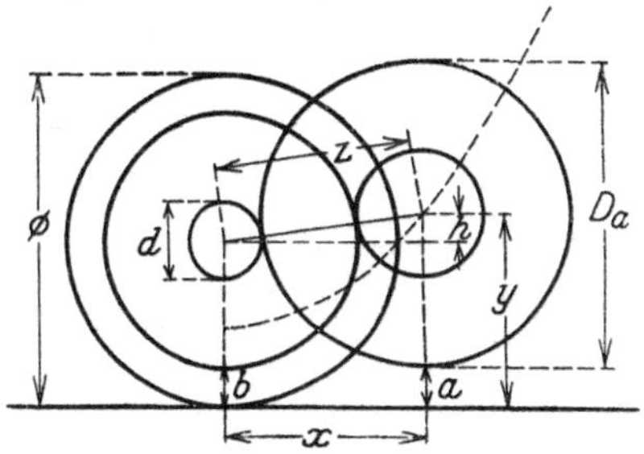

Abb. 14.

Es ist: $$y = \frac{\Phi}{2} + h = \frac{D_a}{2} + a; \qquad D_a = 2(y - a),$$

$$x^2 = \left(\frac{D_a + d}{2}\right)^2 - h^2; \qquad h = \frac{D_a - \Phi}{2} + a = y - \frac{\Phi}{2};$$

$$x^2 = y[\Phi + (d - 2a)] - \left[\frac{\Phi^2}{4} - \left(a - \frac{d}{2}\right)^2\right].$$

Setzt man näherungsweise:

$$2a = d,$$

so ist $$x^2 = \Phi \cdot y - \frac{\Phi^2}{4} \qquad \text{und} \qquad h = y - \frac{\Phi}{2}.$$

Aus dieser Gleichung ist zu ersehen, daß die geometrischen Orte aller Motormittelpunkte auf einer Parabel liegen. Aber der in Betracht kommende praktische Bereich ist ganz kurz, besitzt einen großen Krümmungsradius und kann daher als geradlinig angesehen werden.

Man wird aus den bisher entwickelten Beziehungen schon gesehen haben, daß die rein rechnerische Ermittlung der größten Motorleistung wenig übersichtlich ist.

Die Gleichungen (12) bis (18) können aber durch mehrere Doppel-Z- und Summentafeln so dargestellt werden, daß der Einfluß der einzelnen Größen auf das Resultat ohne weiteres ersichtlich ist.

Die Konstruktion der Tafel Abb. 15 ist in gleicher Weise, wie dies bei der Tafel Abb. 7 eingehend erläutert wurde, durchzuführen.

Es werden zuerst die Gleichungen

$$\frac{60}{\pi} \cdot \frac{v_k}{3{,}6 \cdot \Phi} = n_t = \frac{60}{\pi} \cdot \frac{v_z}{(\Phi - 2b)}$$

dargestellt und die Maßstäbe für Φ und v_k gewählt. Die Skala für n_t wird punktweise auf der Zapfenlinie konstruiert. Dann zeichnet man die Skala für v_z, deren Maßstab durch die bereits gewählten Maßstäbe für Φ und n_t gegeben ist. Nun wird zunächst die Differenztafel

$$(\Phi - 2b) - (2s + d) = X$$

gezeichnet. Zum leichteren Ablesen wurde für $(\Phi - 2b)$ der gleiche

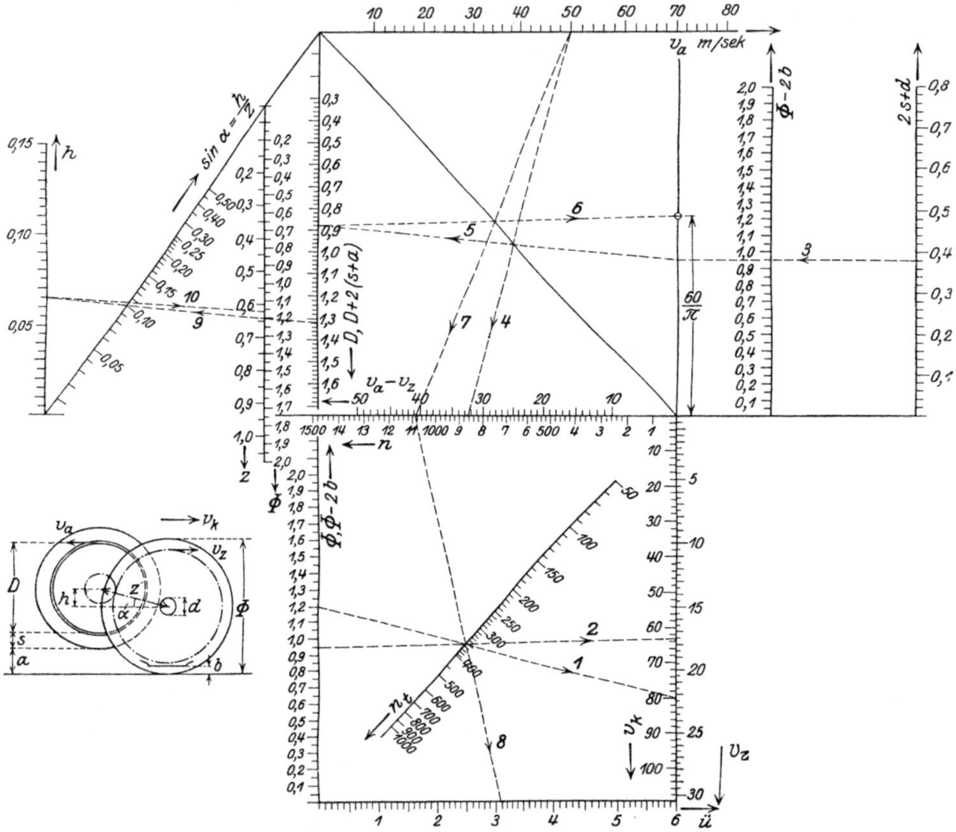

Abb. 15.

Maßstab wie für die untere Z-Tafel gewählt. X ist nur eine Hilfsgröße und benötigt, da es auf der Zapfenlinie liegt, keinen Maßstab.

Die Grundgleichung $\frac{D}{X} = \frac{v_a}{v_a - v_z}$ ist wieder eine Doppel-Z-Tafel.

Man wählt nun die Maßstäbe für v_a und $(v_a - v_z)$ und berechnet oder konstruiert den Maßstab der gesuchten Größe D. Damit wäre die Hauptaufgabe gelöst. Es ist nun zu kontrollieren, ob die Überhöhung h sich noch in zulässigen Grenzen hält. Zu diesem Zweck sind links von D in bereits bekannter Weise die Summentafeln der Gleichung $\frac{\Phi}{2} + h = \frac{D}{2} + s + a$ und der $\sin\alpha$ (der für die in Betracht kommenden Fälle gleich dem $\operatorname{tg}\alpha$ gesetzt werden kann) dargestellt. Ergibt sich D als zu groß, so ist b entsprechend zu vergrößern. Hat man nun D endgültig gewählt, so lassen sich in einfacher Weise die größte Tourenzahl und das Übersetzungsverhältnis bestimmen.

Die Gleichung $\frac{v_a}{n} = \frac{D}{\frac{60}{\pi}}$ kann als Doppel-Z-Tafel gezeichnet werden. Die Skalen für v_a und D sind schon vorhanden. Es braucht daher nur mehr die Skala von n gewählt zu werden. Da $\frac{60}{\pi}$ eine konstante Größe ist, so ergibt sich ihre Länge aus den bereits vorhandenen Maßstäben von v_a, D und n.

Als letzte Skala wird $\ddot{u}$ aus der Beziehung $\frac{\ddot{u}}{n} = n_t$ konstruiert. Der Maßstab von $\ddot{u}$ ergibt sich aus den beiden Maßstäben von n und n_t. Zum leichteren Gebrauch der Tafel sind für eine bestimmte Aufgabe die Strahlen eingezeichnet und der Reihenfolge nach numeriert. Es ist nur zu beachten, daß v_z, falls es zu groß ausfallen sollte, durch Vergrößerung von b so lange verkleinert werden muß, bis es den gewünschten Wert erreicht hat.

Die Nomogrammtafel Abb. 15 wurde, wie bereits erwähnt, so allgemein als möglich gehalten, damit sie auch für mehrere andere Antriebe, die später berechnet werden, verwendet werden kann. Für den Tramantrieb als solchen führt noch eine andere Rechnung zum Ziel, indem man vom kleinsten Wert von a und größten Wert von h ausgeht. Da sich das Resultat dadurch nicht ändert, die vorliegende Methode aber den Vergleich mit anderen Antrieben wesentlich übersichtlicher und leichter durchführen läßt, so wurde hier die zweite Rechnungsart nicht weiter durchgebildet.

Die Tafel Abb. 15 dürfte dem Berechnungsingenieur bei der Ermittlung des größten Ankerdurchmessers von großem Vorteil sein. Für den projektierenden Ingenieur hingegen ist die Berechnung des kleinsten Triebraddurchmessers bei gegebenem Motor und bekannter Fahrgeschwindigkeit von größerer Wichtigkeit. Zu diesem Zweck ist die Grundgleichung nach Φ aufzulösen und statt des noch unbekannten v_z die Fahrgeschwindigkeit v_k zu setzen.

Es ist also gegeben: D, n, v_a, v_k, Z und $b_{\min}$, gesucht Φ, $\ddot{u}$, n_t, v_z:

$$\Phi = \frac{v_k(\Phi - 2b)}{3{,}6 \cdot v_z}; \qquad v_z = \frac{2\pi n}{60} \cdot \frac{z}{\ddot{u}+1},$$

$$\ddot{u} + 1 = \frac{n}{n_t} + 1 = \frac{n \cdot \Phi \cdot \pi \cdot 3{,}6 + 60\, v_k}{60 \cdot v_k},$$

daher wird $\Phi = \frac{(\Phi - 2b)(n \cdot \Phi \cdot \pi \cdot 3{,}6 + 60 \cdot v_k)}{3{,}6 \cdot 2\pi \cdot n \cdot z}$,

$$\Phi^2 - \Phi \left\{ 2(z + b) - \frac{60\,v_k}{3{,}6 \cdot n} \right\} - \frac{2 \cdot b \cdot 60 \cdot v_k}{n \cdot \pi \cdot 3{,}6} = 0\,, \qquad (20)$$

oder $\Phi^2 - p\,\Phi - q = 0\,.$

Die Auflösung nach Φ ergibt also eine quadratische Gleichung, deren praktische Anwendung umständlich ist. Die nomographische Auflösung ist dagegen so übersichtlich, daß die Tafel Abb. 16 sowohl dem Konstrukteur als auch dem projektierenden Ingenieur gute Dienste leisten kann.

Die Konstruktion der einzelnen Z-Tafeln mit den geradlinigen Skalen, wie ihn die Ausdrücke für p und q ergeben, können nach dem auf S. 22 Gesagten als bekannt vorausgesetzt werden.

Die Konstruktion des krummlinigen Skalenträgers wurde nach dem Verfahren durchgeführt, welches Luckey[1]) angegeben hat. Die Zapfenlinien p und q, die bei dieser Tafel keine Skalen zu tragen brauchen, müssen zum Zweck der Konstruktion vorübergehend mit entsprechenden Maßstäben versehen werden, die sich aus den für v_k, n, b und $(z + b)$ angenommenen Maßstäben ergeben.

Die Gleichung (20) wird durch die Werte $p = \alpha + \Phi$ und $q = -\alpha \cdot \Phi$ befriedigt, wobei α eine beliebige Zahl sein kann. Man setzt nun der Reihe nach $\alpha = 0, -1, -2, -3, -4, \ldots$ und erhält Strahlenbüschel, die in ihren Schnittpunkten den Skalenträger für Φ ergeben. Z. B. ergibt $\alpha = -1$ die Werte $p = 2$, $q = -1$. Auf der Verbindungslinie $p = 2$, $q = -1$ liegt der Wert $\Phi = 1$. Nun wählt man $\alpha = 2$ und erhält mit $p = 3$, $q = -2$ eine zweite Verbindungslinie, welche im Schnittpunkt mit der erstgenannten Linie den Punkt $\Phi = 1$ liefert. In derselben Weise werden alle übrigen Punkte des krummlinigen Skalenträgers für Φ gefunden.

Zum leichteren Gebrauch der Tafel Abb. 16 sind für eine bestimmte Annahme die einzelnen der Reihe nach zu ziehenden Strahlen eingezeichnet und numeriert. Hat man also den kleinsten Triebraddurchmesser unter Annahme von $b_{\min}$ ermittelt, so muß man noch v_z und $\sin\alpha$ kontrollieren, ob sie nicht unzulässig hohe Werte erreicht haben. Zu diesem Zweck sind unter Tafel Abb. 16 noch einige Z- und Differenztafeln gezeichnet, die aus der Nomogrammtafel Abb. 15 schon bekannt sind. Ergibt sich v_z als zu groß, so ist der Strahl 10 um seine Zapfenlinie so weit zu drehen, bis das gewünschte v_z erreicht ist. Mit dem entsprechend vergrößerten Werte b wird die Konstruktion nochmals durchgeführt, wodurch man dann die richtige Größe des Triebraddurch-

[1]) Luckey: Einführung in die Nomographie. Verlag Teubner.

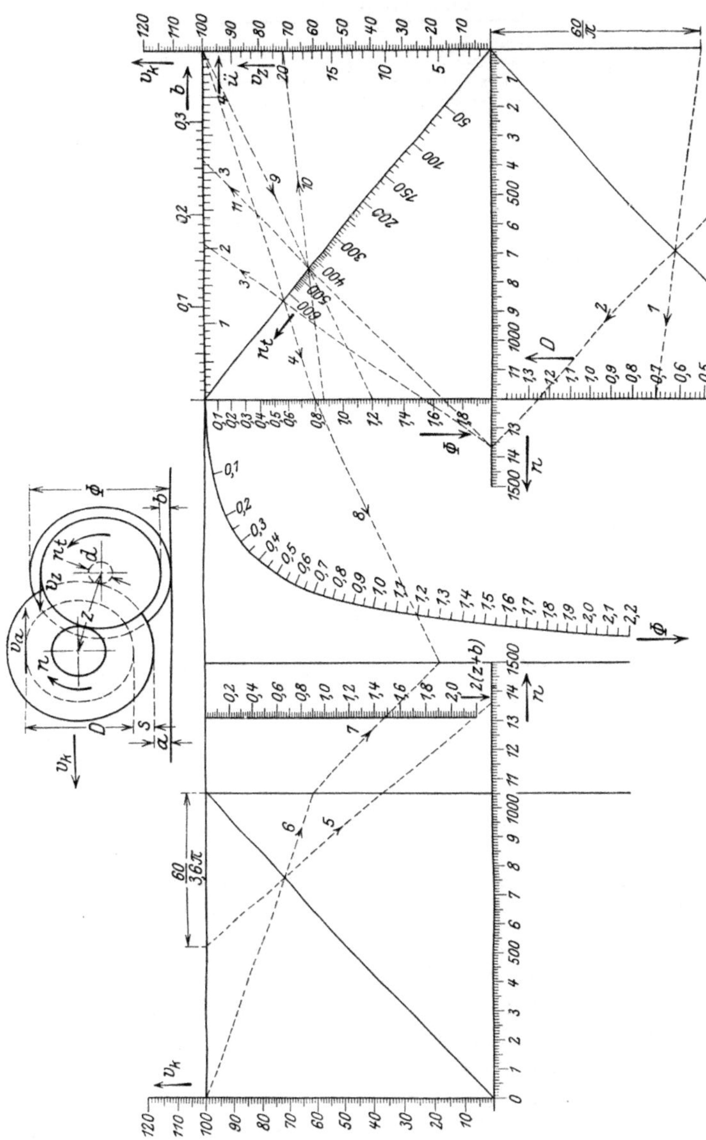

Abb. 16.

messers Φ erhält. Sollte auch $\sin\alpha$ einen unzulässig hohen Wert erreichen, so ist der Triebraddurchmesser um den entsprechenden Betrag so wie auf S. 37 durchgeführt zu vergrößern.

Bisher wurden mit diesem Antrieb die folgenden Vollbahnlokomotiven ausgeführt:

Tabelle 3.

	Bahnanlage	Jahr	Spannung Periodenzahl	Zahl	Achsanordnung	Bemerkung
			A. Einphasenwechselstrom.			
1.	Murnau-Oberammergau . .	1905	5 500 Volt $16^2/_3$ Per.	2	A+A	
2.	Hafenb. Altona	1911	3 000 „ 25 „	1	AA+AA	
3.	Karlsruhe—Herrenalb . .	1910	8 000 „ 25 „	4	AA+AA	
4.	Rjukanbahn . .	1911	10 000 „ $16^2/_3$ „	4	AA+AA	
5.	„ . .	1911	10 000 „ $16^2/_3$ „	2	A+A	
6.	D. R. B.	1916	15 000 „ $16^2/_3$ „	2	AA+AA	
7.	„	1918/24	15 000 „ $16^2/_3$ „	9	AAA+AAA	
			B. Gleichstrom.			
8.	Butte Anaconda Pacific . . .	1913/17	2400 Volt	28	AA+AA	Report of the committee of heavy electric traction of the american electric railway association
9.	Ch. M. & St. P. .	1916	3000 „	42	2—AAAA+AAAA—2	
10.	Paulista Rlwy. .	1921	3000 „	4	2—AA+AA—2	
11.	„ „ .	1921	3000 „	8	AA+AA	
12.	„ „ .	1921	3000 „	2	1—AA+AA—1	
13.	„ „ .	1921	3000 „	2	AAA+AAA	
14.	Mexikan. St. B. .	1923	3000 „	10	AA+AA+AA	GEC Review, April 1924.
15.	Japan. St. B. .	1922/25	1500 „	42	AA+AA 2—AA+AA—2 AAA+AAA	Bis 1928 werden 336 Lok. bestellt.
16.	Französ. St. B. .	1923	1500 „	80	AA+AA	Bulletin Oerlikon 1923, Heft 20 u. 21.

In der Tabelle 4 sind von ausgeführten Wechselstrom- und Gleichstrom-Lokomotiven und -Triebwagen die Leistungen, Abmessungen und Gewichte eingetragen, die bisher erreicht wurden. Die bei den amerikanischen Lokomotiven ausgeführten Luftspalte der Bahnmotoren sind wesentlich größer als bei uns, was mehr eine mechanische als elektrische Ursache haben dürfte. Die Amerikaner verwenden nämlich durchweg Gleitlager mit sog. Wastefüllung, welche aus Baumwolle und Roßhaar besteht und reichlich mit Fett getränkt ist. Diese Lager sollen sehr gut laufen und nur eine geringe Wartung erfordern. Um bei etwaigem Heißlaufen des Lagers ein Schleifen des Ankers auf den Polschuhen zu vermeiden, werden jedenfalls die Luftspalte so groß gewählt. Bei uns hingegen verursachten die Gleitlager bei den kleinen üblichen Luftspalten von 3 bis 4 mm Betriebsschwierigkeiten, daß man beinahe allgemein zu den Rollenlagern übergegangen ist, welche die Ausführung eines Luftspaltes von 2 mm ermöglichen und sehr wirtschaftlich und äußerst betriebssicher sind. Betrachtet man die Umfangsgeschwindigkeiten der Anker mit den Jahreszahlen, in denen die einzelnen Fahrzeuge erbaut wurden, so bemerkt man, daß unverkennbar eine Neigung vorhanden ist, v_a zu erhöhen, um eine größere Baustoffwirtschaft und ein kleineres ungefedertes Gewicht zu erhalten. Die Wirkung der ungefederten Massen nimmt im Quadrat der Geschwindigkeit zu. Es können daher die Güterzuglokomotiven, wenn man nur das reine Gewicht betrachtet, größere ungefederte Massen erhalten als die Schnellzuglokomotiven. Vergleicht man die in der Tabelle 4 angegebenen Zahlenwerte mit denen der Tabelle 2 der Dampflokomotiven, so wird man finden, daß man beim Trambetrieb bei richtiger Bemessung der Motoren imstande ist, die ungefederten Gewichte bis zu 60 km/Std. Fahrgeschwindigkeit nicht nur in durchaus zulässigen Grenzen zu halten, sondern auch noch kleinere Werte als bei Dampflokomotiven zu erreichen. Die Amerikaner gehen bei ihren Gleichstromlokomotiven viel höher in der Beanspruchung, erreichen bei Dauerleistung und ca. 30-km/Std.-Geschwindigkeit eine Adhäsion von 1 : 6 und gehen mit der Umfangsgeschwindigkeit bis 50 m/Sek. (48,5 bei neuen Radreifen). Die Lokomotive der mexikanischen Staatsbahn (Abb. 17) und der Ch. M. & St. P. (Abb. 18), deren Motoren ungefähr dieselbe Leistung haben, aber deren Ankerumfangsgeschwindigkeiten sich wie 40,5 : 48,5 verhalten, zeigen, daß das ungefederte Gewicht durch das größere v_a um ca. 18% vermindert wird, woraus man ersieht, wie vorteilhaft die Verwendung höherer Ankerumfangsgeschwindigkeiten ist.

Daß bei einphasigen Kommutatormotoren hier bisher nur kleinere Leistungen ausgeführt wurden, kann nicht im Gewicht des Motors, wie angenommen werden könnte, liegen. Denn die Einphasenwechselstrommotoren sind, gleiche Umfangsgeschwindigkeiten und Temperaturen vorausgesetzt, an sich nur um ca. 15 bis 20% schwerer als Gleichstrommotoren von 750 Volt. Auf das ungefederte Gewicht je Achse macht dies nur ca. 10% aus. Bei Gleichstrom von 1500 Volt sind die Unterschiede bezüglich der Gewichte noch kleiner. Auch die Außendurchmesser der Motoren weisen bei 1500 Volt Gleichstrom gegenüber Einphasenwechselstrom keine größeren Unterschiede auf. Die Kommutatordurchmesser bei Gleichstrom sind im Vergleich zum Ankerdurchmesser sogar wesentlich größer als bei Wechselstrommotoren.

Einer der Gründe, weshalb man bei uns diesen Antrieb für nicht so günstig als den kombinierten Zahnrad-Kuppelstangenantrieb hält, liegt in der nur zum Teil gefederten Aufhängung des Motors. Man hält es daher wegen der Beanspruchung des Ankers, der Lagerung der Zahnräder und der Betriebsverhältnisse für zweckmäßig, kleinere Anker- und Kommutatorumfangsgeschwindigkeiten anzuwenden, als im Abschnitt III. als Grenzwerte angegeben wurden. Ein weiterer Grund, weshalb man den Tramantrieb für Einphasenwechselstrom-Güterzuglokomotiven bei uns seltener baut, ist die schlechtere Zugänglichkeit

Tabelle 4.

Anlage	Dreiachsige Triebwagen Blankenese-Ohlsdorf D. R. B.	Vierachsige Triebwagen Southern Railway	Sechsachsige Triebwagen Schweizer B. B.
Lieferant des elektrischen Teiles	AEG u. SSW	English Electric Comp.	S. A. Ateliers Sécheron
Jahr der Inbetriebsetzung	1923	1923	1923
Spurweite	1435	1435	1435
Stromart	6000 Volt 25 Per.	6000 Volt 25 Per.	15 000 Volt $16^2/_3$ Per.
Größte Fahrgeschwindigkeit km/Std.	55	80,5	75
Größte Triebraddrehzahl/Min.	292	385	382
Triebraddurchmesser	1000	1105	1040
Mittlerer Triebachsdruck in t	16	16	14,6
Zahl der Motoren	2	4	4
Leistung eines Motors kW: 1 Stunde	148 kW	220 kW	144 kW
Kühlungsart[1])	k. v.	k. v.	s. v.
Geschwindigkeit km/Std.	38,6	50	48
Dauernd	114 kW	190 kW	118 kW
Kühlungsart[1])	s. v.	k. v.	s. v.
Geschwindigkeit km/Std.	38,6	56,8	54
Dauerzugkraft kg/Achse	1085	1230	800
Adhäsion	1 : 14,7	1 : 13	1 : 18,2
Polzahl	8	8	6
Statoreisendurchmesser, außen	700	795	760
Ankerdurchmesser	520	605	520
Luftspalt	2,5	2,5	2,2
Kommutatordurchmesser	440	490	444
Überhöhung h	60	74,5	60
$\sin\alpha$	0,135	0,144	0,129
Übersetzung, Zähnezahl	91 : 20 = 4,55	89 : 26 = 3,42	1 : 3,65
einseitig, doppels., gerade, schräg	e. g.	e. g.	e. g.
Modul, Breite	8π, 130	9π, 135	— —
Teilkreisdurchmesser {Zahnrad / Ritzel}	728/160	801/234	730/200
Zentrale	444	517,5	465
Triebachsdurchmesser im Lager	172	190	—
Größte Motordrehzahl	1330	1320	1395
Größte Umfangsgeschwindigkeit m/Sek.: Anker	36,2	41,8	38
Kommutator	30,6	33,9	32,5
Zahnrad	11,2	16,2	14,6
Kleinster Abstand von S.O.: Motor	140	152	170
Zahnradschutzkasten	125	133	135
Gewicht des Motors mit Ritzel und Zahnradschutzkasten	3200	3200	—
Gewicht der Triebradachse mit großem Zahnrad	1547	1834	—
Ungefedertes Gewicht je Triebachse	3200	3500	—

[1]) k. v. = künstlich ventiliert; s. v. = selbst ventiliert.

Tabelle 4.

AA—AA-Lokomotive D. R. B. Bayern	AAA—AAA-Lokomotive D. R. B. Schlesien	Vierachsige Triebwagen Berliner Stadtbahn D. R. B.	2—AAAA+AAAA—2-Lokomotive Ch. M. & St. P. U. S. A.	AA+AA+AA-Lokomotive Mexikan. Staatsbahn	AA—AA-Lokomotive der Paris-Orleans Bahn
Bergmann	SSW	AEG	GEC	GEC	Örlikon
1916	1923	1924	1914	1923	1924
1435	1435	1435	1435	1435	1435
15 000 Volt	15 000 Volt	Gleichstrom	Gleichstrom	Gleichstrom	Gleichstrom
$16^2/_3$ Per.	$16^2/_3$ Per.	800 Volt	3000 Volt	3000 Volt	1350 Volt
50	45	65	56,3	64,4	100
241	200	345	227	292	392
1100	1200	1000	1320	1170	1350
14	19	15,3	25,4	23,2	19
4	6	2	8	6	4
150 kW	—	170 kW	337 kW	340 kW	318 kW
k. v.		s. v.	k. v.	k. v,	k. v.
30	—	31,3	24,4	32,2	45
90 kW	100 kW	118 kW	295 kW	320 kW	241 kW
k. v.	k. v.	s. v.	k. v.	k. v.	k. v.
30	19,5	36,2	24,4	33,3	49
1100	1880	1195	4420	3670	1800
1 : 12,7	1 : 10,1	1 : 12,8	1 : 5,75	1 : 6,3	1 : 10,5
8	8	4	4	4	4
792	980	—	—	—	—
576	700	520	750	635	660
2,0	3,5	3	ca. 6	—	3
480	550	425	ca. 660	ca. 555	580
75	70	50	52,45	50,8	48
0,157	0,124	0,110	0,0825	0,0927	0,084
89 : 17 = 5,34	100 : 19 = 5,26	72 : 19 = 3,79	82 : 18 = 4,55	90 : 18 = 5	73 : 21 = 3,47
d. g.	e. g.	d. sch.	d. g.	d. g.	e. g.
9 π, —	9,5 π, —	9,5 π, 100	12,7 π, 101	10,15 π, 127	12,207 π, 170
801/153	950/180,5	720/190	1040/228	915/183	891/256,3
477	565,25	455	635,4	548	573,75
170	190	170	220	ca. 210	200
1263	1045	1310	1030	1460	1360
38,1	38,3	35,6	40,5	48,5	47
31,7	30,1	29,1	35,6	ca. 42	41,4
10,2	10,0	13,0	12,3	14	18,2
170	200	140	ca. 130	—	199
130	160	127	100	108	193
2900	4960	2900	6750	—	4050 ohneZahnrad
1780	2100	1630	4180	—	ca. 2470
3600	4650	3100	7380	5500	4700

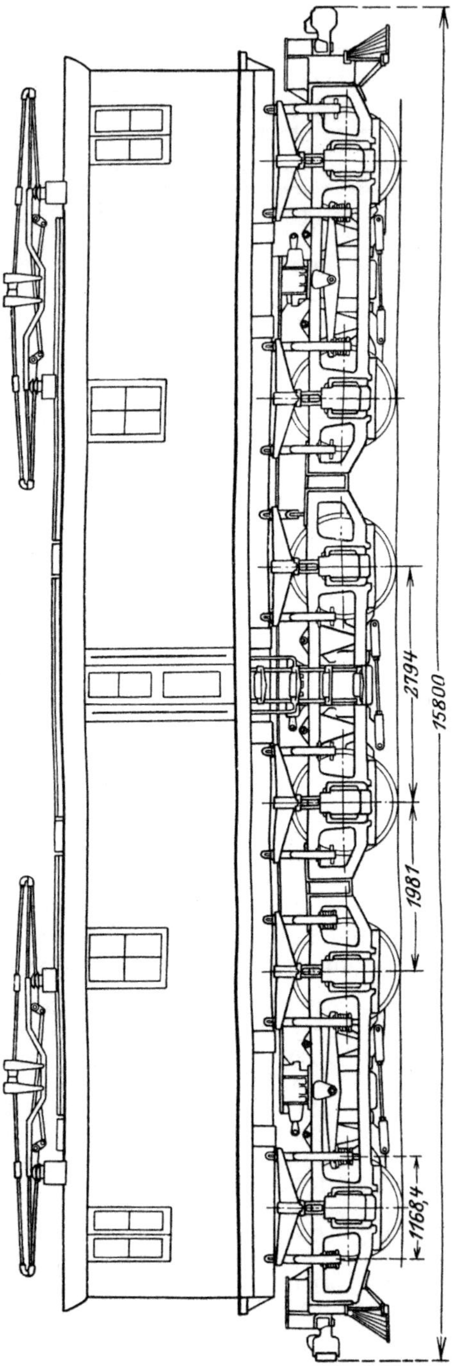

Abb. 17. AA+AA+AA-Lokomotive der Mexikanischen Staatsbahn (3000 Volt Gleichstrom).

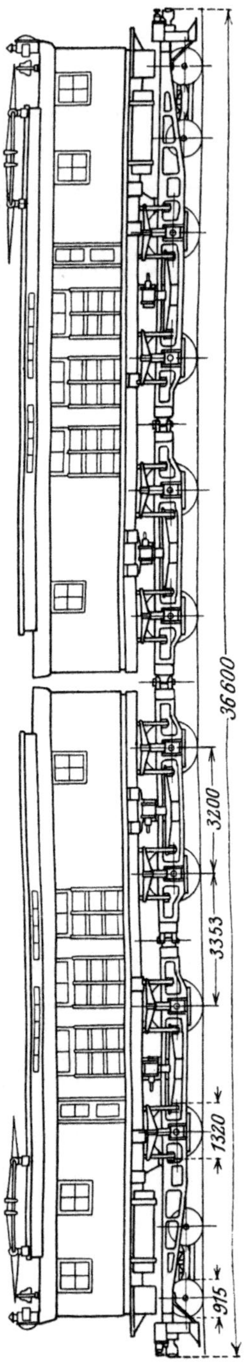

Abb. 18. 2 AAAA+AAAA 2-Güterzuglokomotive der Ch. M. & St. P. (3000 Volt Gleichstrom).

und Wartung des Kommutators im Vergleich mit den hochliegenden Motoren, worauf in der Literatur öfters hingewiesen wird.

Bei Gleichstrommotoren wird diese Zugänglichkeit niemals verlangt, da sie infolge ihrer vorzüglichen Kommutierung nur eine kleine Abnützung der Kohlen und des Kommutators aufweisen und infolgedessen Revisionen in größeren Zeitabständen vollkommen hinreichen.

Nach den Mitteilungen verschiedener Vollbahnbetriebe erreichen Gleichstromkommutatoren zwischen zwei Abdrehungen des Kollektors Lauflängen von 300 000 bis 400 000 km[1]).

Dagegen mußte man anfänglich die Kommutatoren der Wechselstrommotoren, deren Funkenbildung noch ziemlich groß war, schon nach 30 000 bis 40 000 km abdrehen. Heute aber, wo man das Kommutierungsproblem vollkommen beherrscht, erreichen die Einphasenkommutatoren der neueren deutschen und schwedischen Lokomotiven im Durchschnitt 100 000 km zwischen zwei Kommutatorabdrehungen[1]), wodurch die Forderung nach der guten Zugänglichkeit der Kommutatoren nicht mehr so dringend erscheint.

Weiter ist die Herstellung des mechanischen Teiles dieser Lokomotiven billig, da sie in der Ausführung keine besondere Präzision verlangen. Wegen der geschlossenen Achslager ist auch der Ölverbrauch klein. Es ist daher die Möglichkeit vorhanden, daß dieser Antrieb in Zukunft bei Lokomotiven für Höchstgeschwindigkeiten bis zu 50 bis 60 km noch eine vielseitige Verwendung finden wird.

3. Westinghouse-Antrieb.

Schnellzuglokomotiven hoher Leistung und Fahrgeschwindigkeit müssen, um die seitlichen Beanspruchungen an der Schiene zu vermindern, möglichst langsame Eigenschwingungen des gefederten Teiles um die Drehachse in der Fahrtrichtung und kleine ungefederte Massen besitzen. Diese Forderungen bedingen eine hohe Lage des Schwerpunktes und eine feste Verbindung der Motormassen mit dem Fahrzeugrahmen, welche dadurch gegenüber den Triebachsen vollkommen abgefedert sind.

Aus dieser Erwägung heraus entstand zuerst bei der Firma Westinghouse der bekannte Doppelmotorantrieb mit Hohlwelle und Federkupplung, der vorwiegend in den U. S. A. bei Gleichstrom und Einphasenwechselstrom eine große Verbreitung gefunden hat. Da jetzt auch in Europa (England, Frankreich und Schweiz) Lokomotiven mit diesem Antrieb gebaut und auch für die deutschen Reichsbahnen in Erwägung gezogen werden, soll auf ihn näher eingegangen werden.

Er besteht, wie in Abb. 19, 20 und 21 dargestellt, im wesentlichen aus einer Hohlwelle, welche die Triebradachse mit dem nötigen Federspiel umgibt. Auf dieser Hohlwelle, welche das Vorgelegezahnrad trägt, ist

[1]) Ohne Abschleifen in der Zwischenzeit.

der Motor gelagert und seinerseits fest mit dem Fahrzeugrahmen verbunden. Die Verbindung zwischen Vorgelegezahnrad und Triebrad muß wegen des Federspieles der Lokomotive durch eine elastische Kupplung erfolgen. Die Konstruktion dieser Kupplung wurde von der Firma Westinghouse in sehr geschickter Weise gelöst. Von der Hohlwelle aus ragen Klauen in die Radspeichen hinein, die mit diesen fast durchweg mit 2×6 Spiralfedern verbunden sind. Das Wesentliche für die geringe Abnutzung und kleinen Unterhaltungskosten dieser Kupplung ist das Fehlen jeglicher Gelenke und Gleitflächen, die dem feinen Staub des Oberbauschotters ausgesetzt und daher einem größeren Verschleiß unterworfen wären. Dafür sind die Federn aber allen Beanspruchungen, wie Zug, Druck, Biegung und Verdrehung, ausgesetzt. Trotzdem werden von der Westinghouse-Gesellschaft im Monat bei 500 Federn nur 1 Federbruch angegeben, ein sehr kleiner Wert, wenn man bedenkt, daß eine sechsachsige Lokomotive 72 Federn besitzt. Die Firma Sécheron gibt an, daß über Jahresfrist, seit die Lokomotiven im Betriebe sind, überhaupt noch kein Bruch vorgekommen ist. Sie schreibt, daß sie diesen guten Erfolg dem vorzüglichen Federmaterial und der dauernd zentrischen Lagerung der Hohlwelle gegenüber der Triebachse und der Sicherung der Federstützen gegen Verstellen im Betrieb verdankt.

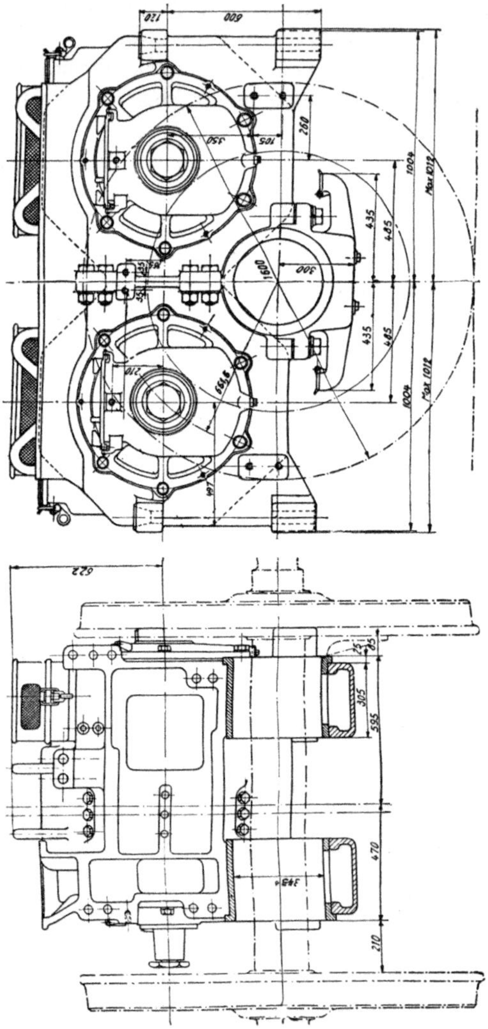

Abb. 19.

Abb. 20. Doppelmotor der 1 C 1-Schnellzuglokomotive der S. B. B. (Sécheron).

Abb. 21. Antrieb zu Abb. 20.

Bei einer neu ausgeführten Konstruktion (Abb. 22) werden die Spiralfedern nur mehr auf Druck beansprucht, wodurch Federbrüche nicht mehr vorkommen sollen. Es müssen aber Gleitflächen in Kauf genommen werden, die von Zeit zu Zeit ausgewechselt werden müssen.

Der Federantrieb gestattet eine vollkommene und gleichmäßige Ausnützung der Adhäsion bei allen Triebachsen. Die Federn gewährleisten auch eine gute Anfahrt, da sie so bemessen sind, daß sich die Anker bei Stillstand der Triebräder schon um ca. 20° drehen können. Dies ist besonders bei schweren Anfahrten bei Steigungen vorteilhaft, weil sich dadurch die Kollektoren gegenüber den Bürsten, wenn auch nur langsam, bewegen können und auf diese Weise Brandstellen vermieden werden.

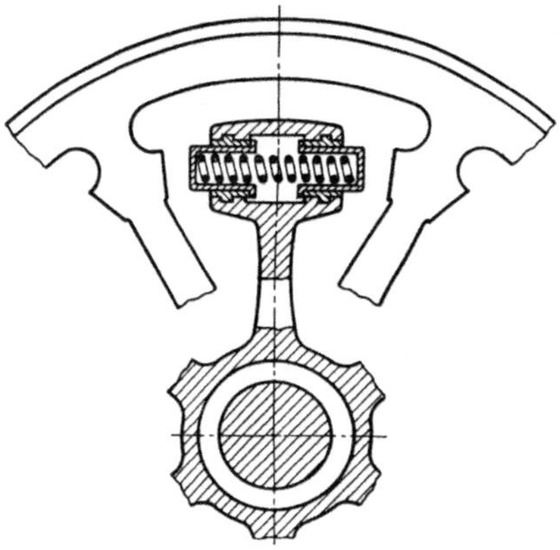

Abb. 22.

Ein weiterer Vorteil dieses Antriebes ist die Erreichung eines kleinen Achsstandes (Abb. 23), da die Triebräder so nahe, als es die Bremsbacken gestatten, angeordnet werden können. Dies ergibt kurze billige Lokomotiven und eine gute Kurvenbeweglichkeit. Ein Nachteil scheint mir der große Raddurchmesser zu sein, der wohl durch die mechanische Konstruktion der Federkupplung bedingt ist. Für die Motoren jedoch, die in der Tabelle 6 angeführt sind, würden kleinere Raddurchmesser genügen. Der Grund, weshalb dieser Antrieb bei Güterzuglokomotiven bisher nicht verwendet wurde, dürfte in dem bereits erwähnten großen Raddurchmesser und in dem hohen Preis dieses Antriebes liegen. Gelänge es aber, diese Federkupplung auch für kleinere Raddurchmesser zu bauen, dann wäre die Herstellung von Güterzuglokomotiven mit einem oder zwei Motoren je Achse als eine günstige Lösung zu betrachten.

In Eisenbahnkreisen besteht gegen diesen Antrieb eine gewisse Abneigung. Diese mag ihren Grund wohl in der großen Anzahl von Motorlagern haben; beispielsweise hat eine Schnellzuglokomotive mit 4 Triebachsen 8 Motoren und 16 Motorlager. Solange man keine anderen Lager als Gleitlager kannte, war die Ansicht sehr berechtigt. Heute aber, wo für Motoren dieser kleinen Abmessungen Rollenlager mit jahrelangen Betriebserfahrungen aus verschiedenen schweren Betrieben vorliegen, kann diese als überholt angesehen werden. Weiter kann durch Verwendung von Rollenlagern die Wartung von Lokomotiven mit Westinghouse-Antrieb derart vereinfacht werden, daß es möglich sein dürfte, den zweiten Mann (Heizer) entbehren zu können, der bisher mit dem Schmieren der Achslager, Kuppelstangen und Ankerlager usw. beschäftigt war. Die Verwendung von zwei Motoren, die auf eine gemeinsame Vorgelegewelle arbeiten, gestattet ferner, sie in Reihe zu schalten und dadurch die Stromstärke für die Schaltapparate und Kabelleitungen auf die Hälfte zu vermindern. Ferner kann das Vorgelegezahnrad bei zwei kleinen Motoren schmaler ausgeführt und dadurch Platz für die Eisenlänge gewonnen werden.

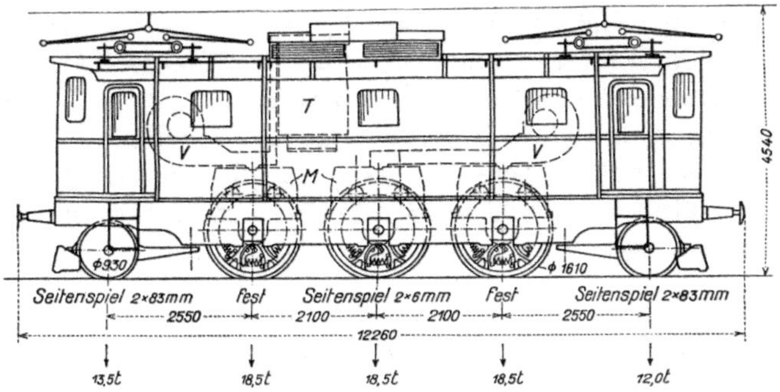

Abb. 23. 1—AAA—1 Personenzuglokomotive der S. B. B. (Sécheron).

Die Grundgleichungen sind dieselben wie für den Fall des Tatzenlagermotors (Tramaufhängung) und lauten:

$$D \leqq \frac{(\Phi - 2b) - (2s + d)}{\frac{v_a - v_z}{v_a}}.$$

Die Beschränkung in der Bemessung des Ankerdurchmessers, die beim Tramantrieb wegen der Überhöhung h gemacht werden mußte, entfällt hier. Diesen Antrieb kann man sich aus der Tramaufhängung so entstanden denken, daß der Motor um das Tatzenlager nach oben gedreht wird. Die Triebachsen hingegen können wegen der Anordnung der Hohlwelle ungehindert dem Federspiel folgen. Daher ist der aus der Gleichung sich ergebende Ankerdurchmesser keiner nachträglichen Korrektur unterworfen.

Soll der Triebraddurchmesser ermittelt werden, so gilt auch hier die Gleichung (20)

$$\Phi^2 - p\,\Phi - q = 0,$$

genau wie beim Tramantrieb.

Es ist nur zu beachten, daß infolge der Anordnung einer Hohlwelle der Achsdurchmesser d entsprechend größer als im Falle der Tramaufhängung zu wählen ist.

Die beiden Nomogrammtafeln Abb. 15 und 16 können für den Westinghouse-Antrieb ohne Änderung angewendet werden.

Die Lokomotive erhält Außenrahmen und geschlossene Achslager. Da jede Achse für sich angetrieben wird, ist eine besondere Präzision beim Rahmenbau nicht erforderlich, weshalb er in der Herstellung billiger wird. Auch wird die Lokomotive wegen der geschlossenen Achslager einen kleineren Ölverbrauch haben.

Beim Westinghouse-Antrieb können bei Schnellzuglokomotiven wegen des Zwillingsmotors, wie am Schlusse in der vergleichenden Zusammenstellung aller hier behandelten Antriebe gezeigt werden wird, für den gleichen Raddurchmesser und bei normaler Fahrgeschwindigkeit die größten Leistungen je Achse erreicht werden.

Es dürften sich daher in Zukunft bei dieser Bauart für Schnellzuglokomotiven bei Gleichstrom und Einphasenwechselstrom noch große Verwendungsmöglichkeiten ergeben. Bisher wurden mit diesem Antrieb ausgeführt:

Tabelle 5.

	Bahnanlage	Lieferjahr	Stromart	Lokomotivenzahl	Achsanordnung
1.	Boston u. Maine	1911	11 000 Volt 25 Per.	5	1—AA—AA—1
2.	New York, New Haven, Hardford	1911	11 000 Volt 25 Per.	36	1—AA—AA—1
3.		1912	Gleichstrom 600 Volt	5	1—AA—AA—1
4.		1912	11 000 Volt 25 Per.	16	AA—AA
5.		1919	11 000 Volt 25 Per. Gleichstrom 600 Volt	5	1—AAA—1+1—AAA—1
6.	Französ. Südb.	1912	12 000 Volt $16^2/_3$ Per.	1 Probelok.	1—AAA—1
7.	Paris—Orléans	1924	Gleichstrom 1350 Volt	1 Probelok.	2—AAA+AAA—2
8.	Ch. M. & St. P.	1918	Gleichstrom 3000 Volt	10	2—AAA—1+1—AAA—2
9.	Schweizer Bundesbahn	1921	15 000 Volt $16^2/_3$ Per.	6	1—AA—1—AA—1
10.		1923	15 000 Volt $16^2/_3$ Per.	14	1—AAA—1

Die unter 7. angeführte Lokomotive hat einen Antrieb, der auch zur Westinghouse-Bauart gehört, da er Doppelmotore und Hohlwelle besitzt.

Tabelle 6.

Anlage	1-AAA-1-Personenzuglokomotive Schweizer B. B.	2-AAA-1 +1-AAA-2-Schnellzuglokomotive Ch. M. & St. P. U. S. A.	2-AA-AA-2-Schnellzuglokomotive Paris—Lyon
Lieferant des elektrischen Teiles	Sécheron	Westinghouse	Örlikon
Jahr der Inbetriebnahme	1922	1918	1924
Spurweite	1435	1435	1435
Stromart	15 000 Volt $16^2/_3$ Per.	3000 Volt Gleichstrom	1350 Volt Gleichstrom
Größte Fahrgeschwindigkeit km/Std.	90	104,5	110
Größte Triebraddrehzahl	296	320	366
Triebraddurchmesser	1610	1725	1600
Mittlerer Triebachsdruck	18,5	25,4	18,0
Zahl der Motoren	6	12	8
Leistung eines Motors in kW: 1 Stunde	243 kW	261 kW	221 kW
Kühlungsart	k. v.	k. v.	k. v.
Geschwindigkeit km/Std.	65	38,2	50
Dauernd	208 kW	209 kW	166 kW
Kühlungsart	k. v.	k. v.	k. v.
Geschwindigkeit km/Std.	65	41,8	70
Dauerzugkraft kg/Achse	2350	3670	1740
Adhäsion	1 : 7,9	1 : 6,9	1 : 10,3
Polzahl	6	4	4
Statoreisendurchmesser, außen	760	—	—
Ankerdurchmesser	520	660	640
Luftspalt	2,2	—	4
Kommutatordurchmesser	440	550	500
Übersetzung, Zähnezahl	1 : 5	89: 24 = 3,71	82 : 21 = 3,9
Einseitig, doppels., gerade, schräg	e. g.	e. g.	e. g.
Modul, Breite	— —	14,6 π, 152	12,844 π, 150
Teilkreisdurchmesser Zahnrad / Ritzel	1206/241	1292/348	1053/270
Zentrale	723,9	820	661,5
Triebachsdurchmesser	200	—	223
Radiales Spiel in der Hohlwelle	36—45	—	35
Stärke der Hohlwelle	25	—	23
Außendurchmesser der Hohlwelle	336	381	339
Größte Motordrehzahl	1485	1190	1430
Größte Umfangsgeschwindigkeit m/Sek.: Anker	41	41,2	48
Kommutator	35	34,3	37,5
Zahnrad	19	21,7	20,2
Entfernung der Motormitten	750	ca. 890	970
Gewicht des Doppelmotors	6500	11 500[1])	7145 ohne Zahnräder
Ungefedertes Gewicht je Achse	2800	—	ca. 2900
Ges. Schwerpunkt über S. O.	1600	1575	—
Abstand Zahnradkasten von S. O.	160	175	210

[1]) Komplett mit Antrieb.

Die nachgiebige Kupplung aber, die hier von der Firma Örlikon durchgebildet worden ist, besitzt gefederte Hebel (Abb. 24).

In vorstehender Tabelle 6 sind die wichtigsten Abmessungen der Motoren und Getriebe der unter 8. und 10. angeführten Lokomotiven enthalten.

4. Buchli-Antrieb.

Dieser Antrieb, nach seinem Erfinder Buchli-Antrieb genannt, wurde in den letzten Jahren von BBC praktisch ausgeführt. Auch hier hatte der Konstrukteur, wie beim Westinghouse-Antrieb, die Absicht, einen praktisch gut brauchbaren Einzelachsantrieb für Schnellzuglokomotiven zu schaffen, welcher nicht die Nachteile des Kuppelstangenantriebes hat. Die Lokomotive soll also eine kleine ungefederte Masse und eine hohe Schwerpunktlage besitzen. Endlich soll der Antrieb die Unterbringung einer möglichst großen Leistung je Triebachse ermöglichen, um die größeren zur Zeit zugelassenen Achsdrücke ausnützen zu können.

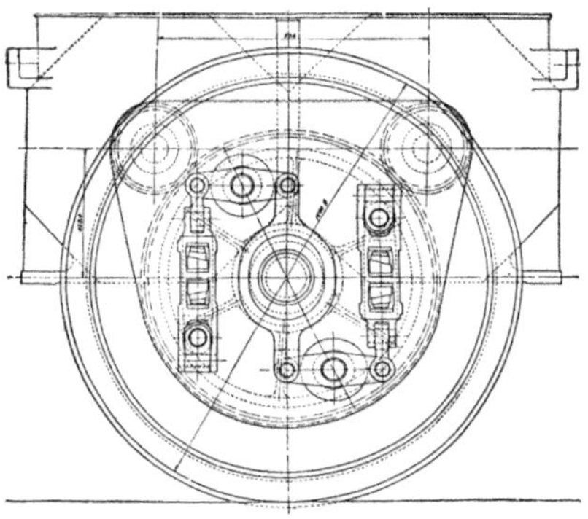

Abb. 24. Antrieb der 2 AA—AA2-Schnellzuglokomotive Paris—Lyon (Örlikon).

Die Querschnittzeichnung Abb.25 läßt die Wirkungsweise dieses Antriebes erkennen. Um einen möglichst leistungsfähigen Motor mit großer Eisenlänge einbauen zu können, verlegte man die Zahnräder nach außen. Denn vom Triebrad bis zum Umgrenzungsprofil des Fahrzeuges ist genügend Platz vorhanden, mehr als für das Zahnrad erforderlich ist.

Zwischen Zahnrad und Triebrad ist nun eine allseitig nachgiebige Spezialkupplung eingebaut. Nach Angabe der BBC ermöglicht diese Kupplung der Triebradachse, sich gegenüber dem Lokomotivrahmen in vertikaler und in horizontaler Richtung zu verschieben und, falls erforderlich, sich auch in den Radius der Gleiskrümmung einzustellen. Diese Kupplung würde demnach gestatten, einrahmige Lokomotiven mit längeren Achsständen zu bauen, als es sonst möglich wäre.

Die Buchli-Kupplung besteht im Gegensatz zur Ganzschen[1]) aus einem symmetrischen Hebelsystem, dessen Hebel über Zahnsegmente verbunden sind. Die Wirkungsweise ist aus Abb. 26 zu ersehen. Sie gestattet nicht nur eine vorübergehende, sondern dauernde Exzentrizität zwischen Vorlegezahnrad und Triebrad, die nur durch den

[1]) Drehstromlokomotiven der Valtellinabahn. 1902.

Ausschlag der Zahnsegmente und die Ungleichförmigkeit der Übertragung begrenzt ist. Dies ist die wichtigste und wesentlichste Eigenschaft der Kupplung, weil bei einer gegebenen Zentrale ein größerer Außendurch-

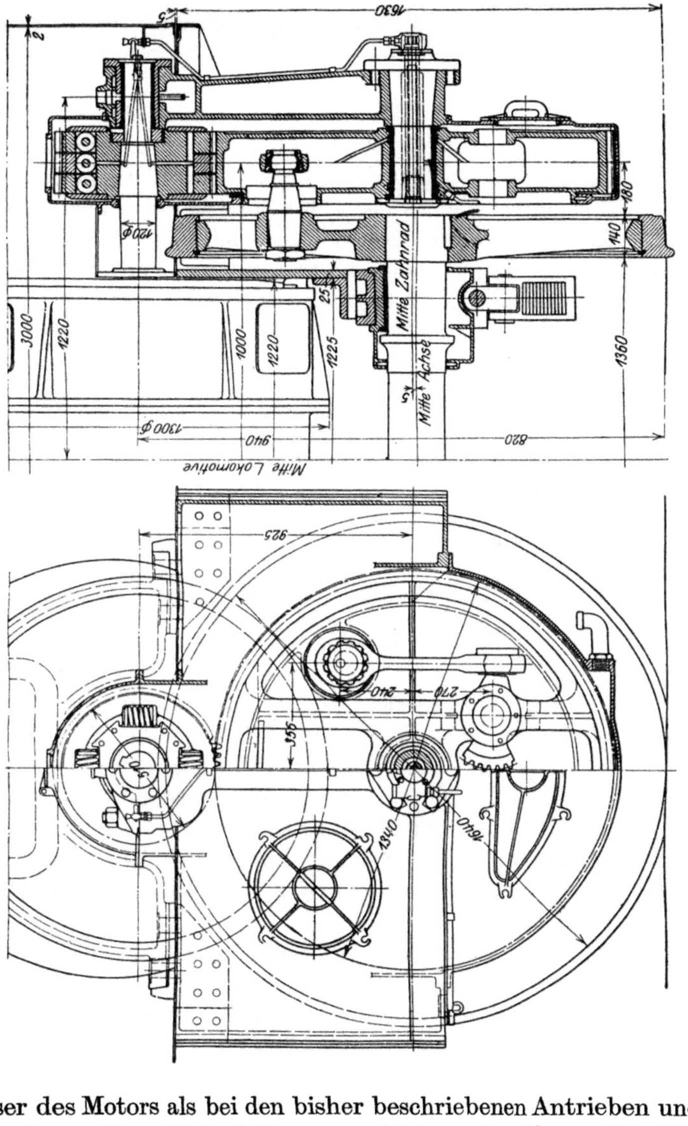

Abb. 25. Buchli-Antrieb (BBC).

messer des Motors als bei den bisher beschriebenen Antrieben und damit auch eine größere Motorleistung erreicht werden kann. Die Konstruktion der Kupplung erfordert für die Lokomotive die Verwendung von Innenrahmen, wodurch für die Länge des Motors nahezu ebensoviel verlorengeht, als durch die Verlegung des Zahnrades nach außen gewonnen wurde. Der Zahnradantrieb ist außen fliegend angeordnet, wodurch die Hohlwelle vermieden wird. Diese Anordnung bedingt zwar eine sehr sorgfältige schwere Konstruktion, damit die hoch beanspruchten Zahnräder gut laufen, hat aber den Vorteil, daß sowohl die Zahnräder als auch die beweglichen Teile der Kupplung, die im Ölbade laufen, leicht zugänglich sind.

Da der Antrieb außerhalb des Rahmens liegt, muß die Ankerwelle vom Spurkranz einen gewissen Mindestabstand haben, der durch die Federung der Lokomotive gegeben ist. Letztere ist daher besonders gut auszubilden und mit Ausgleichshebeln zu versehen. Man sieht aus dieser Überlegung, daß sowohl die Zentrale als auch die Zahnradumfangsgeschwindigkeiten größer ausfallen als bei anderen Antrieben. Da zwei kleine Motoren je Achse wegen der zu niedrigen Ankerumfangsgeschwin-

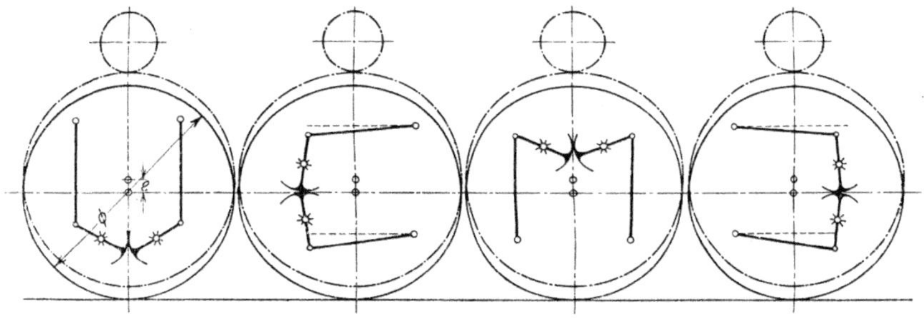

Abb. 26.

digkeiten nicht ausgenützt werden können, wird beim Buchli-Antrieb ein großer Motor verwendet, der senkrecht über der Triebradmitte angeordnet ist. Wegen des Abstandes der Motorwelle vom Spurkranz des Triebrades fällt das Ritzel groß aus. Da der Durchmesser des großen Zahnrades durch die kleinste Entfernung von S.O. gegeben ist, so werden kleine Übersetzungen, also hohe Fahrgeschwindigkeiten günstig sein, wobei gut ausgenützte Motoren mit großen Umfangsgeschwindigkeiten verwendet werden können.

Wie die folgende Untersuchung zeigen wird, genügen schon kleine Exzentrizitäten bis zu 25 mm, die auch in den BBC-Mitteilungen erwähnt werden, um schon ganz erhebliche Vorteile in der Motorbemessung zu erzielen. Wesentlich größere Exzentrizitäten dürften aus den bereits oben angegebenen Gründen nicht ausführbar sein.

Zur Untersuchung des Antriebes mit Rücksicht auf die größte Motorleistung bei gegebenem Triebraddurchmesser und bekannter Fahrgeschwindigkeit sei zuerst eine Exzentrizität $e = 0$ angenommen. Es gelten dann im allgemeinen die Gleichungen und Nomogramme der

Tramaufhängung. Da aber die Motorwelle wegen des Federspiels mindestens um die Höhe $h_1 = 30$ bis 35 mm vom Spurkranz des Triebrades entfernt sein muß und der Spurkranz vom Triebradaußendurchmesser die Entfernung h_2 besitzt, so ist $h = h_1 + h_2 = 60$ bis 65 mm. Es ist daher folgende Bedingung zu erfüllen:

$$z = \frac{\Phi + d_1 + 2h}{2},$$

wobei d_1 der Durchmesser der Motorwelle über dem Spurkranz gemessen ist.

Da aber die Bedingung $z \geqq \frac{D + 2s + d}{2}$ nach Gleichung (13) des Tramantriebes unverändert besteht, so ist der größtmögliche Ankerdurchmesser bereits bestimmt:

$$D \leqq \Phi + d_1 + 2h - (2s + d), \qquad (21)$$

Hat man den Triebraddurchmesser Φ, den Abstand $b_{\min}$ des Zahnradteilkreises von S. O. und die größte Fahrgeschwindigkeit v_k bereits gewählt, so sind n_t und v_z dadurch gegeben und auch v_a ist nicht mehr frei wählbar, sondern durch folgende Gleichung bestimmt:

$$v_a = \frac{D \cdot v_z}{d_1 + 2h + 2b}.$$

Wählt man nun verschiedene Φ und v_k, so wird man sehen, daß die Ankerumfangsgeschwindigkeiten, welche eine gute Ausnützung des Motors ermöglichen, bei so hohen Fahrgeschwindigkeiten liegen, daß dieser Antrieb mit $e = 0$ auch für Schnellzuglokomotiven keine praktische Bedeutung hat.

Um also den Motor bei normalen Fahrgeschwindigkeiten voll ausnützen zu können, muß eine bestimmte Exzentrizität zugelassen werden. Es soll nun untersucht werden, welche Einflüsse sie auf die Ankerleistung hat. Die einzelnen Gleichungen lauten dann folgendermaßen:

$$z = \frac{\Phi + d_1 + 2h - 2e}{2},$$

$$z \geqq \frac{D + 2s + d - 2e}{2},$$

$$v_z = \frac{[\Phi - 2(b - e)]\pi \cdot n_t}{60}.$$

In ähnlicher Weise, wie beim Tramantrieb bereits ausführlich gezeigt, erhält man den Ausdruck für D zu

$$D \leqq \frac{\Phi - 2(b - e) - (2s + d) + 2e}{\frac{v_a - v_z}{v_a}}. \qquad (22)$$

Damit der Abstand der Motorwelle vom Spurkranz gewahrt bleibt, muß außerdem die Bedingung

$$D = \Phi - (2s + d) + d_1 + 2h \tag{23}$$

erfüllt werden, wobei $h = 60$ bis 70 mm betragen soll.

Aus Gleichung (22), die sich von Gleichung (18) nur durch den Summanden $4e$ im Zähler unterscheidet, ersieht man den Einfluß der

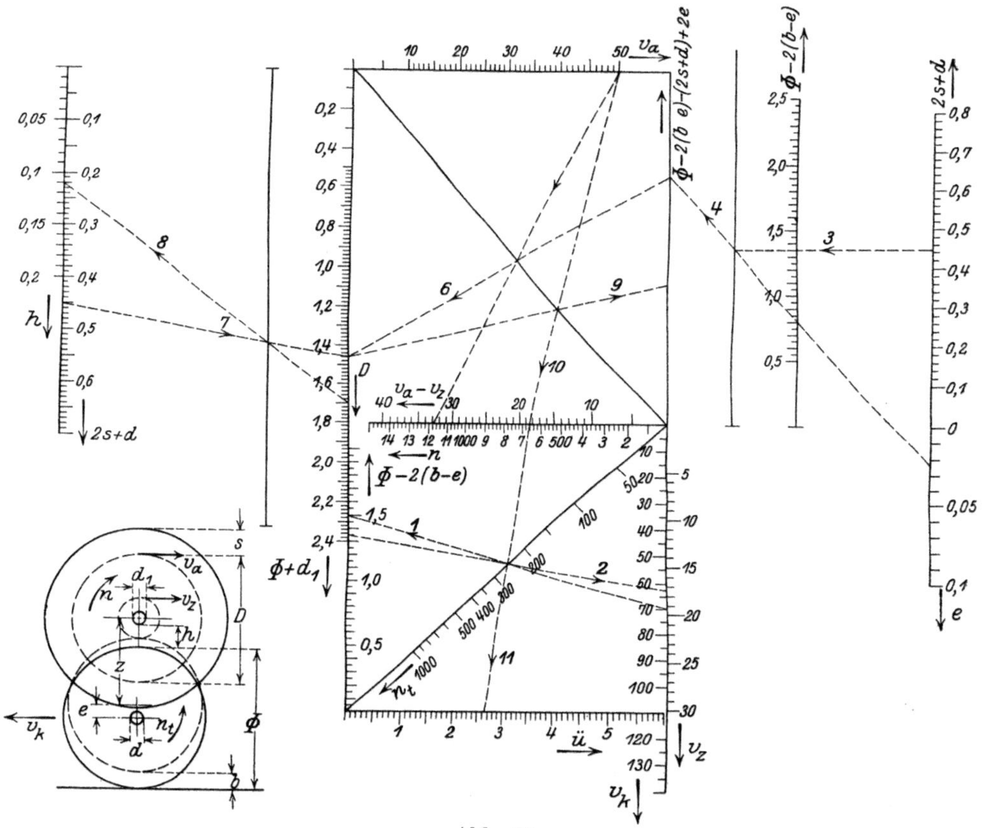

Abb. 27.

Exzentrizität. Es hat demnach eine kleine Exzentrizität schon eine bedeutende Vergrößerung des Ankerdurchmessers zur Folge. Derselbe hat, wie aus den Gleichungen (22) und (23) hervorgeht, eine Reihe verschiedener Bedingungen zu erfüllen, die nicht in allen Fällen zu einer befriedigenden Lösung führen. Die Gleichungen (22) und (23) sind in der Nomogrammtafel Abb. 27 dargestellt. Der Aufbau der Tafel Abb. 27 ist zur leichteren Übersichtlichkeit so gehalten wie bei der Tafel Abb. 15.

Die Gleichungen

$$\frac{60\, v_k}{\pi \cdot 3{,}6\, \Phi} = \frac{60}{\pi} \frac{v_z}{[\Phi - 2(b-e)]} = n_t$$

sind wie bei der Tafel Abb. 15 aufgetragen, nur daß statt $(\Phi - 2b)$ der entsprechende Wert

$$\Phi - 2(b-e)$$

gesetzt werden muß.

Zur Darstellung des Zählers in der Gleichung (22) ist gegenüber der Tafel Abb. 15 eine Addition, und zwar die des Gliedes $2e$, mehr vorzunehmen. Deshalb muß in der Tafel Abb. 27 noch eine Zapfenlinie, die zwischen den Skalen von $\Phi - 2(b-e)$ und

$$\Phi - 2(b-e) - (2s+d) + 2e$$

liegt und nicht näher bezeichnet ist, eingetragen werden. Die Maßstäbe der Skalen für $\Phi - 2(b-e)$ in der unteren Z-Tafel und der oben rechts befindlichen Additionstafel sind der Einfachheit halber gleich groß gewählt.

Die Gleichung

$$\frac{D}{\Phi - 2(b-e) - (2s+d) + 2e} = \frac{v_a}{v_a - v_z}$$

ist genau wie im Nomogramm Abb. 15 durch zwei Z-Tafeln dargestellt. Im oberen linken Teil sind

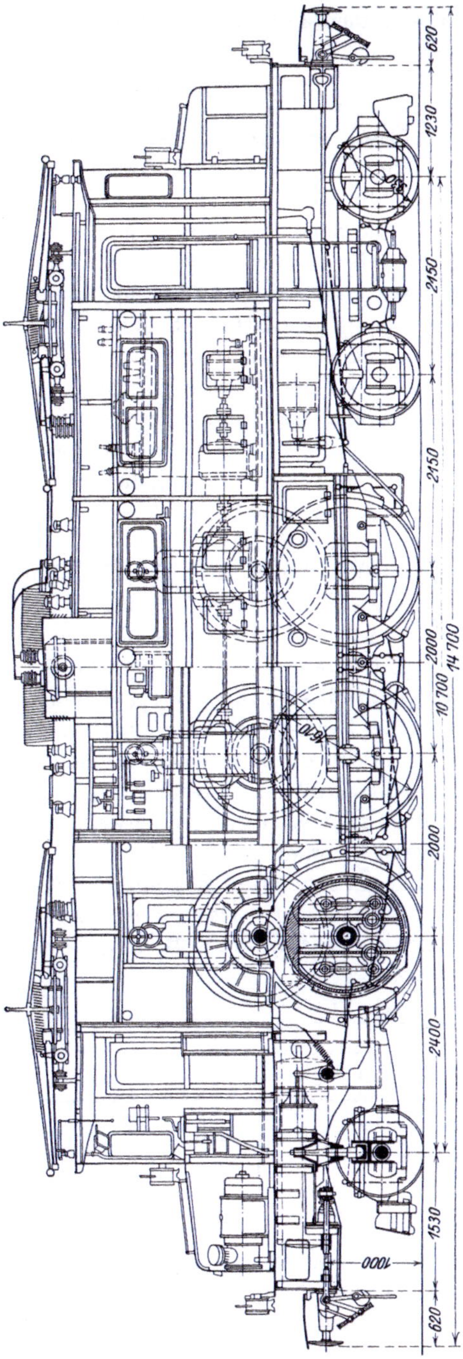

Abb. 28. 2—AAA—1 Personenzuglokomotive der S. B. B. (BBC).

zwei Summentafeln gezeichnet, welche der Gleichung (23) entsprechen:

$$\Phi + d_1 + 2h = D + (2s + d).$$

Der Maßstab von $\Phi + d_1$ ist so gewählt, daß er mit dem von D zusammenfällt. Die Skala für h ist so groß gewählt, daß h, welches den Ankerdurchmesser begrenzt, deutlich abgelesen werden kann.

Ist nun der Triebraddurchmesser, die Fahrgeschwindigkeit, $b_{\min}$ und v_a gegeben, wo wählt man eine bestimmte Exzentrizität e, die noch günstige konstruktive Abmessungen der Kupplung und einen gleichmäßigen Gang gewährleistet, und ermittelt v_z durch Ziehen der Strahlen 1 und 2. Da die Statoreisenstärke, der Luftspalt und der Durchmesser der Triebachse sehr genau geschätzt werden können, so kann man die Strahlen 3 und 4 ziehen. Entsprechend den getroffenen Annahmen ist auch v_a und $(v_a - v_z)$ bekannt und kann daher nach Ziehen der Strahlen 5 und 6 der Durchmesser D konstruiert werden. Nun muß noch untersucht werden, ob h nicht zu klein ausgefallen ist. Man verbindet den gefundenen Wert von D mit $(2s + d)$ und zieht durch den Zapfenpunkt einen Strahl 8 durch $\Phi + d_1$. Der Raddurchmesser ist als bekannt angenommen und d kann genügend genau geschätzt werden. Falls beispielsweise h zu klein ausfällt, kann man mit einem entsprechend größer gewählten h von rückwärts D konstruieren und die Exzentrizität e ermitteln, die bei $v_a = 50$ m/Sek. nötig wäre. Sollte auch diese keine Erhöhung mehr zulassen, so ist v_a entsprechend zu verkleinern. Sehr günstig wäre besonders bei diesem Antrieb eine Erhöhung der größten Zahnradumfangsgeschwindigkeiten, auf welchen Umstand auch schon in den Schweizer BBC-Mitteilungen vom Mai 1922 hingewiesen worden ist.

Soweit man nach den Berichten in der Schweizer Bauzeitung schließen kann, wurde dieser Antrieb mit gutem Erfolg bei einer Reihe von Schnellzuglokomotiven für die S. B. B. angewandt.

Ausgeführt wurden mit diesem Antrieb bisher:

Bahnanlage	Lieferjahr	Stromart	Lieferzahl	Achsanordnung
Schweizer Bundesbahnen	1919	15 000 Volt Einphasenstrom $16^2/_3$ Perioden	1 (Probelok.)	1—AA—1—AA—1
	1922		8	2—AAA—1
Deutsche Reichsbahn	1924		10	1—AA—AA—1

Im nachstehenden sind die wesentlichen Daten der 2—C—1-Lokomotiven der Schweizer Bundesbahnen wiedergegeben (Abb. 28):

Spurweite	1435 mm
Fahrdrahtspannung	15 000 Volt, $16^2/_3$ Per.
Lieferant des elektrischen Teiles	BBC
Größte Fahrgeschwindigkeit	90 km
Triebraddurchmesser	1610 mm
Achsdruck	18,5 t
Stundenleistung bei künstlicher Kühlung	465 kW
Geschwindigkeit	61 km/Std.
Dauerleistung bei künstlicher Kühlung	405 kW
Geschwindigkeit hierbei	65 km/Std.
Dauerzugkraft	2280 kg
Adhäsion	1 : 8,1
Statordurchmesser	1300 mm
Ankerdurchmesser	992 „
Luftspalt	2 „
Kommutator	890 „
Exzentrizität	25 „
Überhöhung der Ankerwelle von den Radbandagen	31,75 „
Durchmesser der Triebradachse	200 „
„ „ Ankerwelle	120 „
Zahnradübersetzung	1 : 2,57
Teilkreisdurchmesser	1296/504
Zentrale	900
Größte Motordrehzahl	760
„ Ankerumfangsgeschwindigkeit	39,4 m/Sek.
„ Kommutatorumfangsgeschwindigkeit	35,4 „
„ Zahnradumfangsgeschwindigkeit	20,05 „
Abstand Zahnradkasten von S. O.	155

Untersucht man die ausgeführte Lokomotive nach dem Nomogramm Abb. 27, so hat man zu beachten, daß letzteres für den größtmöglichen Ankerdurchmesser entworfen wurde, bei der tatsächlichen Ausführung aber noch ein Spielraum für das Federspiel der Achse zu lassen und zu $2s + d$ zu addieren ist.

Zwischen Statoraußendurchmesser und Triebradachse ist hier ein Zwischenraum von 175 mm vorhanden, der wohl nur zum Teil vom Federspiel in Anspruch genommen werden dürfte. In vorliegendem Falle wurde der Motor mit einem größten v_a von 40 m/Sek. gebaut. Der verhältnismäßig große Triebraddurchmesser kann vielleicht in der Weise erklärt werden, daß die bewegliche Kupplung sich für einen kleineren Durchmesser nicht bauen läßt.

Bei voller Ausnützung des Bauraumes könnte man den Motor gerade noch für ein v_a von 50 m/Sek. bauen. Er würde dadurch aber eine zu große Leistung erhalten, daß ein Achsdruck von rund 25 t erforderlich wäre. Es ist also bei diesem Einzelachsantrieb möglich, auch bei größeren Achsdrücken in Schnellzuglokomotiven noch genügend Leistung einzubauen.

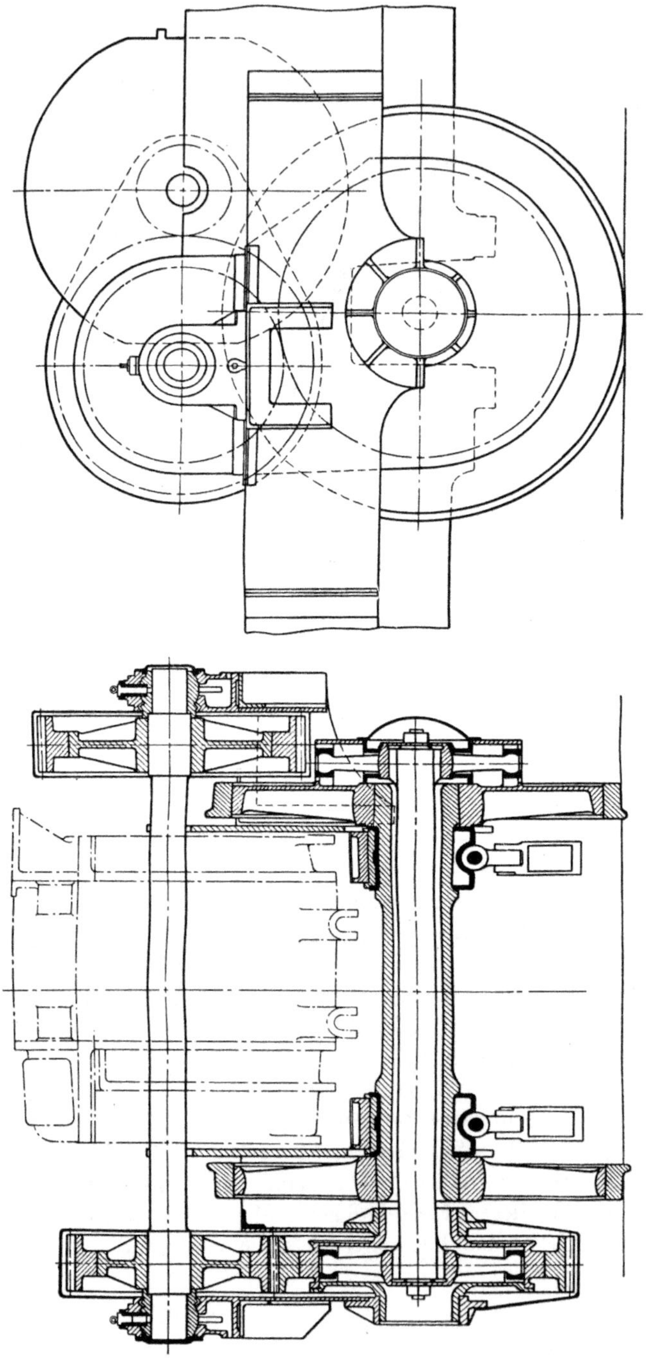

Abb. 29. Tschanz-Antrieb.

5. Einzelachsantrieb mit Zwischenrad.

Es gibt außer den bereits beschriebenen ausgeführten Einzelachsantrieben eine große Anzahl von Konstruktionen, die mehr oder weniger kompliziert und meistens über eine Patentanmeldung nicht hinausgekommen sind. Nur der sog. Tschanz-Antrieb[1]), der gleichzeitig mit dem Buchli-Antrieb entstand, wurde als Versuchsausführung im Jahre 1919 von BBC probeweise in eine 1—C—1-Lokomotive eingebaut.

Der Antrieb ist in Abb. 29 dargestellt. Das große Zahnrad ist gegenüber dem Triebrad zentrisch gelagert, liegt außerhalb des Triebrades

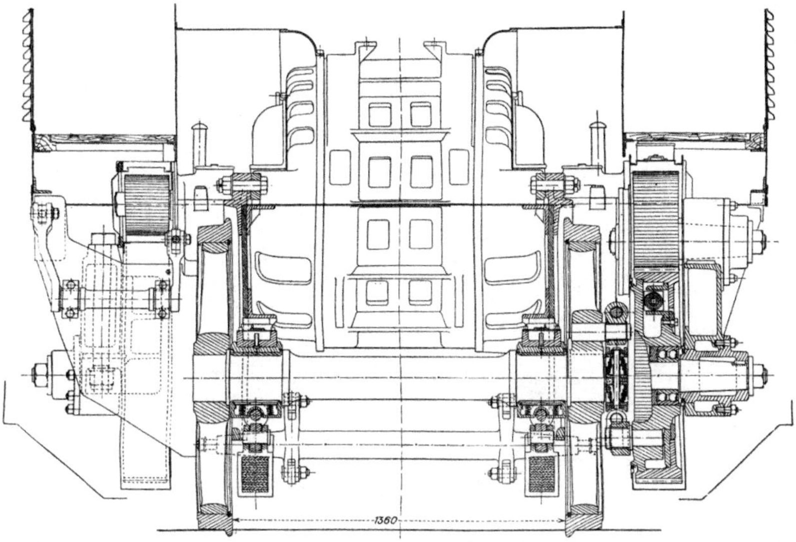

Abb. 30. Antrieb der Triebwagen Burgdorf-Thun (Örlikon).

und ist daher in seinem Außendurchmesser begrenzt. Da die Motorwelle, wie von dem kurz vorher beschriebenen Buchli-Antrieb bekannt ist, vom Spurkranz des Triebrades einen bestimmten Abstand haben muß, so konnten bei einfachen Vorgelegen nur Übersetzungen von 1 : 1,5 bis 1 : 2 eingebaut werden, weshalb die zulässigen Umfangsgeschwindigkeiten der Anker nicht ausgenützt werden konnten. Es mußte daher, wie aus obiger Abb. 29 ersichtlich, eine doppelte Übersetzung eingebaut werden, wodurch dieser Antrieb viel zu schwer wird.

Größere Motorleistungen je Achse kann man von Antrieben erwarten, die mit einem Zwischenrad arbeiten, welches nicht auf einer durchgehenden Welle, sondern, wie die Abb. 30 und 31 zeigen, auf Wellenstumpfen in einem sog. Zwischenrahmen gut gelagert werden

[1]) Nach dem Obermaschineningenieur der S. B. B. benannt.

kann. Dadurch steht der ganze Raum von der Motorwelle bis zur Triebradachse zum Einbau des Motors zur Verfügung.

Von der Firma Örlikon wurde dieser Antrieb für Drehstromtriebwagen der S. B. B. verwendet. Zwischen Antriebszahnrad und Triebrad sitzt eine elastische Kupplung, die ähnlich der Buchli-Kupplung gebaut ist. Es sind statt der Zahnsegmente Doppelhebel mit Federn angebracht.

Da das Zwischenrad die Übersetzung zwischen Motor und Triebrad nicht beeinflußt, so kann sein Durchmesser so groß gewählt werden, als es für den eingebauten Motor erforderlich ist. Auch das Übersetzungs-

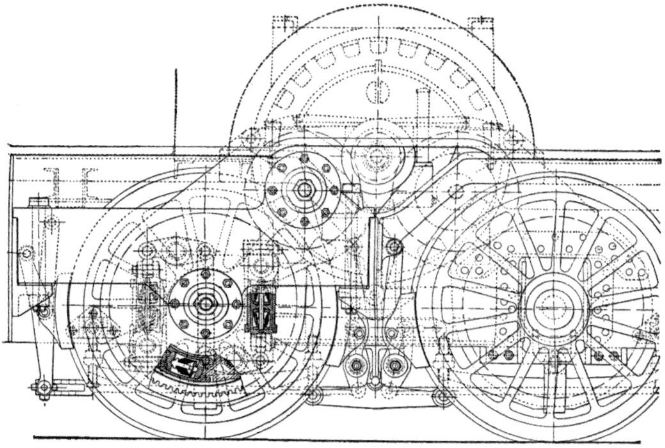

Abb. 31. Ansicht zu Abb. 30.

verhältnis $ü$ kann beliebig gewählt werden, so daß dadurch der Motor stets mit der ihm günstigsten Umfangsgeschwindigkeit gebaut werden kann.

Die Gleichung ist ähnlich wie für den Tram- oder Buchli-Antrieb aufgebaut. Bezeichnet man mit f den Teilkreisdurchmesser dieses Zwischenrades, so lautet die Gleichung für den größtmöglichen Ankerdurchmesser:

$$D \leqq \frac{\Phi - (2b - f) - (2s + d)}{\frac{v_a - v_z}{v_a}}. \tag{24}$$

Die Größen und Leistungen der Motoren, die auf diese Weise je Achse eingebaut werden können, hängen somit nur von der Größe des einzubauenden Zwischenrades ab. Die größtmöglichen Ankerleistungen je Achse werden daher nur durch den Achsdruck und Gründe konstruktiver Art bestimmt. In der Lokomotive muß außer den Motoren noch Platz für den Transformator, die Hochspannungsapparate, Steuerapparate, Ventilatoren, Kompressoren usw. sein. Der Einbau dieser Apparate ist jedoch bei den einzelnen Antriebsarten verschieden.

Bei der Westinghouse-Bauart lassen sich über dem Motor die vorhergenannten Apparate, wie Abb. 23 der 1—C—1-Lokomotive zeigt, gut einbauen. Die Zugänglichkeit zu den Ankerlagern und Kollektoren ist noch in genügendem Maße vorhanden. Da der Schwerpunkt auf diese Weise sehr hoch liegt, ist diese Lokomotive für den Schnellzugdienst sehr geeignet.

Beim Buchli-Antrieb liegen die Motoren so hoch, daß äußerstenfalls nur die Ventilationsaggregate darüber angeordnet werden können. Zum Einbau der Transformatoren usw. muß daher der Lokomotivkasten entsprechend verlängert werden, wodurch die Lokomotive schwerer wird, wie die in Abb. 28 dargestellte 2—C—1-Lokomotive der S. B. B. zeigt. Diese beiden Lokomotiven (Abb. 23 und 28) besitzen nahezu gleiche

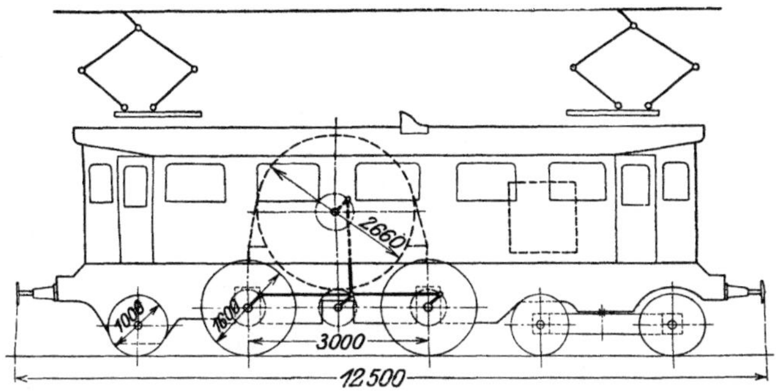

Abb. 32. 2 B 1-Schnellzuglokomotive der Deutschen Reichsbahn (AEG).

Leistung, Geschwindigkeit und Achsdrücke und sind daher vorzüglich zum Vergleich geeignet. Lokomotivantriebe mit Zwischenzahnrad und nur einem größeren Motor je Triebachse sind hinsichtlich des Baues der Lokomotive nicht sehr günstig, da man über den einzelnen Motoren außer der Lüftung nichts mehr anordnen kann und zur Unterbringung der Transformatoren und Schaltapparate die Lokomotiven besonders verlängern muß. Der Gesamtschwerpunkt liegt daher etwas niedriger als bei der Westinghouse-Bauart.

Es besteht wahrscheinlich wenig Aussicht, daß sich eine Bauart mit Zwischenrad gegenüber den bereits vorhandenen Einzelachsantrieben erfolgreich wird durchsetzen können.

II. Gruppenantriebe.

Diese sind, wie bereits erwähnt, dadurch gekennzeichnet, daß von einer oder zwei Antriebsstellen aus eine durch Kuppelstangen verbundene Gruppe von Triebrädern angetrieben wird.

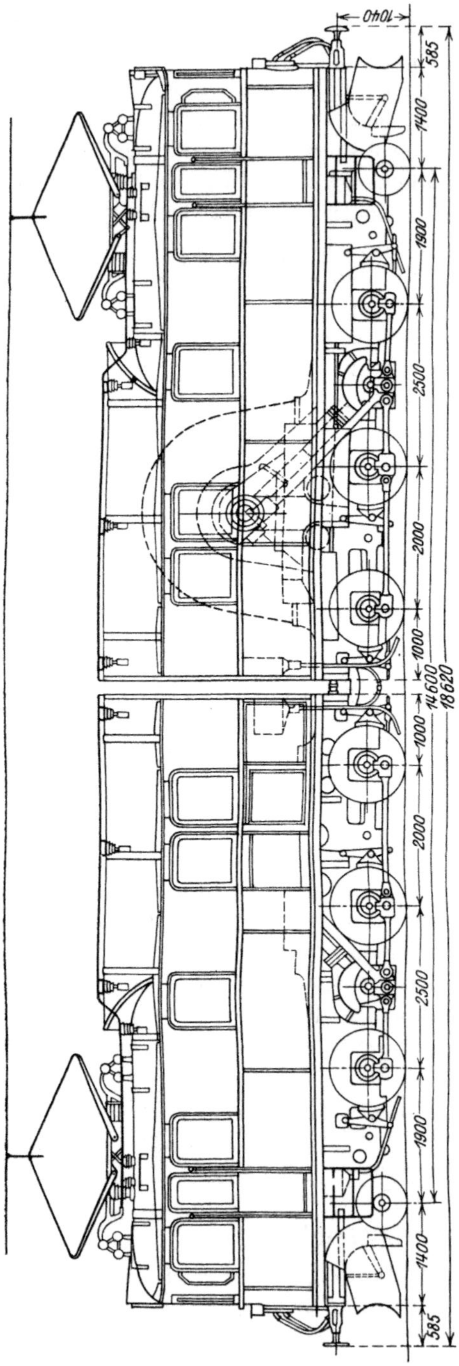

Abb. 33. 1 C + C 1 Erzzuglokomotive der Riksgränsbahn (SSW).

1. Direkt treibende hochgelagerte Motoren[1]).

Die gesamte Leistung der Lokomotive ist in einem oder zwei großen Motoren vereinigt, die auf dem Hauptrahmen befestigt sind und meistens die ganze Höhe des Lokomotivkastens ausfüllen. Die Motoren verleihen daher der Lokomotive eine hohe Schwerpunktlage und sind außerdem gegen die Triebräder vollkommen abgefedert. Der Antrieb von der Motorwelle auf die Triebräder kann in verschiedener Weise erfolgen.

Bei einmotorigen Lokomotiven erfolgt diese Übertragung dadurch, daß im Lokomotivrahmen in der Höhe der Triebradmitte ein oder zwei Blindwellen vorhanden sind. Die Kuppelstangen zwischen Motorwelle und Blindwelle können entweder senkrecht (Abb. 32) oder schräg (Abb. 33) angeordnet werden. Die schräge Anordnung ergibt wesentlich kleinere Beanspruchungen des Blindwellenkurbelzapfens und der Blindwellenlager. Bei zwei Blindwellen (Abb. 34) wird eine gleichmäßige Übertra-

[1]) Kleinow: Das Parallelkurbelgetriebe als Antriebsmittel für die elektrischen Lokomotiven. El. Kraftbetr. 1910, S. 495.

gung der Drehmomente auf jeder Lokomotivseite gewährleistet und das Pendeln des Drehmomentes über die Blindwelle verhindert. Bei zweimotorigen Lokomotiven besteht eine noch größere Mannigfaltigkeit in den Antrieben, da man sowohl Blindwellen als auch V- (Abb. 35) oder △-Rahmen verwenden kann. Der V- oder △-Rahmen muß wegen des Federspiels der Lokomotive am Kurbelzapfen des Triebrades eine Gleitführung besitzen.

So verschieden diese Antriebe auch sind, so haben sie auf die Größe der je Motor unterbringbaren Leistung keinen Einfluß. Die Grundgleichung dieser Antriebe lautet, ähnlich wie beim Achsmotor:

$$\frac{\Phi}{v_k} = \frac{D}{3{,}6 \cdot v_a}, \qquad (25)$$

wobei

$$\frac{60}{\pi} \cdot \frac{v_a}{D} = \frac{60 \cdot v_k}{3{,}6 \cdot \pi \cdot \Phi} = n_t$$

ist.

In Nomogrammtafel Abb. 36 sind diese Gleichungen, die eine Doppel-Z-Tafel ergeben, dargestellt. Auf S. 4 wurde bereits erwähnt, daß die Tourenzahl des Motors beim Kuppelstangenantrieb beschränkt ist. Sie soll nicht wesentlich über 350 UpM, keinesfalls aber über 400

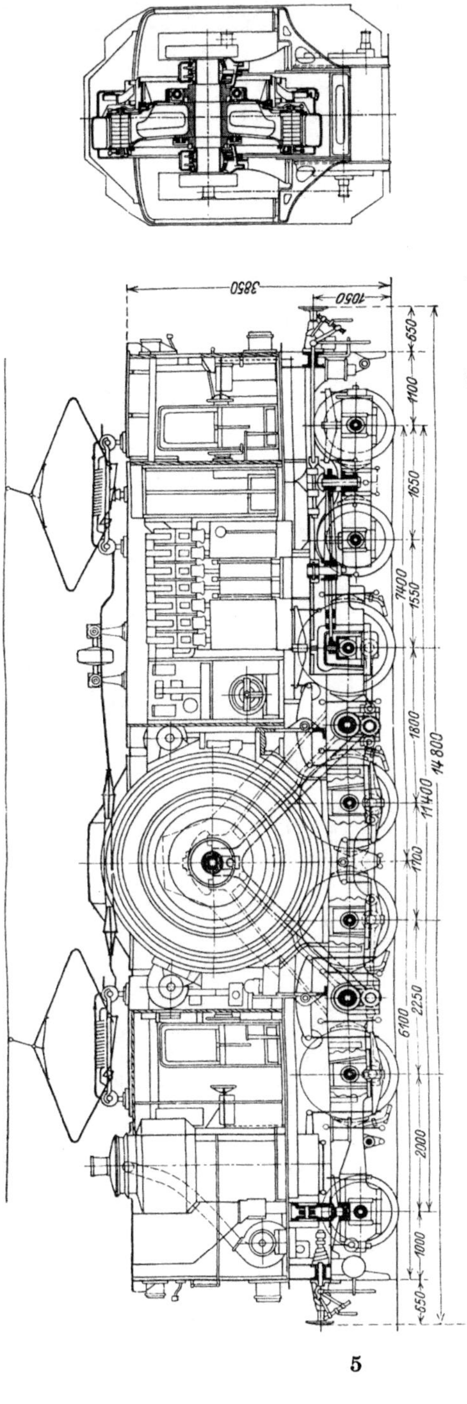

Abb. 34. 2 D 1-Schnellzuglokomotive der Deutschen Reichsbahn (Bergmann).

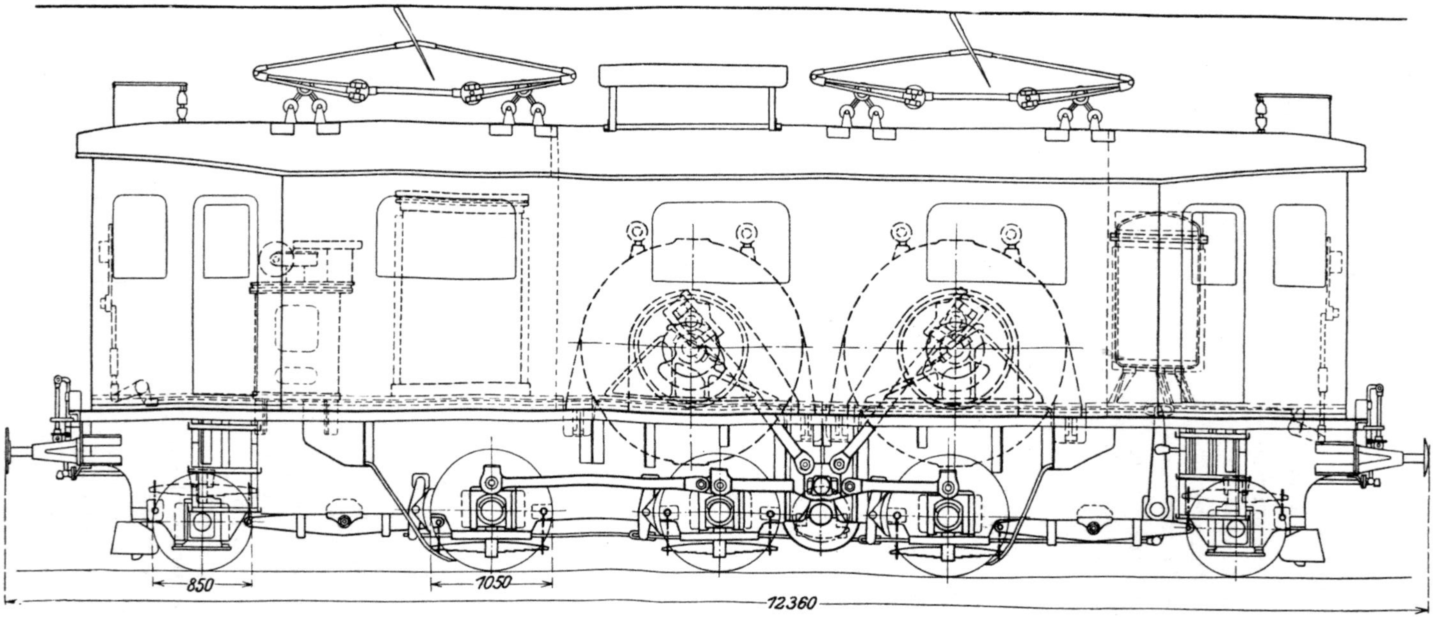

Abb. 35. 1 C 1-Lokomotive der Deutschen Reichsbahn (SSW.).

UpM betragen. Der größtmögliche Ankerdurchmesser des Motors ist durch den Außendurchmesser gegeben, der gerade noch in das zulässige Umgrenzungsprofil der Lokomotive hineingeht. Derselbe ist in gewissem Sinne von der Größe des Triebraddurchmessers und der Entfernung der Triebräder abhängig. Für die deutschen Reichseisenbahnen beträgt der größtmögliche Ankerdurchmesser deshalb für einphasige Wechselstrommotoren ca. 2700 mm. Für vollspurige Lokomotiven mit Kuppelstangenantrieb muß ganz allgemein noch eine Einschränkung hinsichtlich des kleinstmöglichen Triebraddurchmessers gemacht werden. Da die Kuppelstangenköpfe eine gewisse Größe besitzen und in ihrer tiefsten Lage einen kleinsten Abstand von S. O. nicht überschreiten dürfen, so beträgt der kleinstmögliche Triebraddurchmesser für die deutschen Reichsbahnen 1050 Millimeter.

Mit allen diesen Einschränkungen ist bei Annahme eines größten $v_a = 50$ m/Sek. dieser Antrieb bei 70,5km/Stde.Höchstgeschwindigkeit gerade noch bei bester elektrischer Ausrüstung des Motors möglich, wie man sich in der Nomogrammtafel Abb. 36 überzeugen kann. Bei einem größtzulässigen $v_a = 60$ m/Sek. jedoch ist es selbst bei einer größten Tourenzahl von $n_t = 400$ nicht mehr möglich, den Motor voll auszunützen.

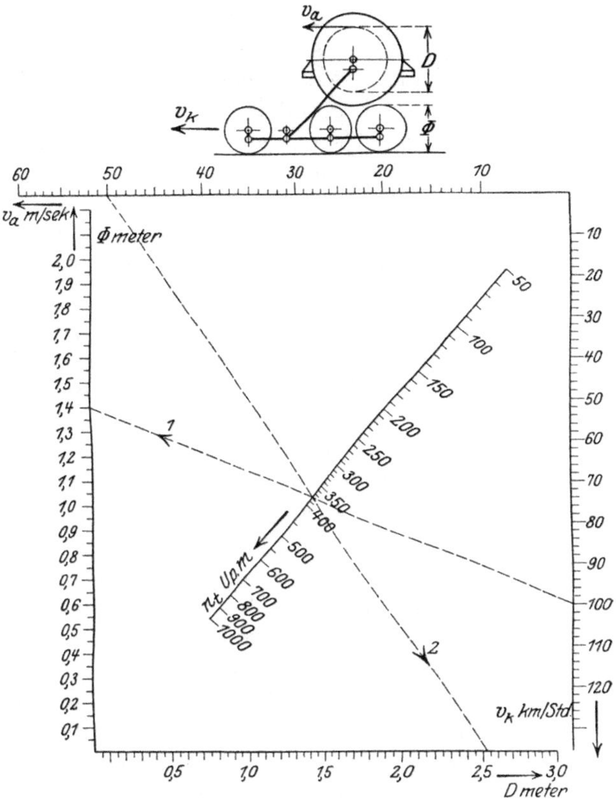

Abb. 36.

Der direkte Antrieb ist daher für Güterzuglokomotiven wegen der zu geringen Ausnützungsmöglichkeit des Motors nicht geeignet, sondern scheint aus diesem Grunde ein Antrieb für Schnellzuglokomotiven zu sein.

Die ersten deutschen Einphasenlokomotiven größerer Leistungen wurden mit diesem Antrieb erbaut, der den von Geh. Oberbaurat Wittfeld im Jahre 1902 aufgestellten Grundsätzen für den Bau schnellfahrender elektrischer Lokomotiven entspricht. Durch Vereinigung der Leistung in einem Motor beabsichtigte man gleichzeitig den Wirkungsgrad und den Leistungsfaktor zu erhöhen. Da aber dieser Antrieb, wie im folgenden näher ausgeführt wird, eine Reihe von großen Nachteilen aufweist, sind auch in deutschen Fachkreisen die Meinungen über die Zweckmäßigkeit dieses Antriebes für Einphasenlokomotiven geteilt.

Im Ausland hat man schon seit einiger Zeit, mit Ausnahme der italienischen Drehstrombahnen, vom Bau der direkt treibenden Großmotoren Abstand genommen. Bei den Drehstrombahnen mit $16^2/_3$ Perioden ist wegen der Notwendigkeit der Verwendung der polumschaltbaren Motoren eine Zahnradübersetzung nicht ausführbar.

Der Grund für die Abneigung gegen den Großmotor liegt in verschiedenen Ursachen begründet. In erster Linie gibt der Kuppelstangenantrieb als solcher ganz allgemein zu Schüttelschwingungen Anlaß, deren Ursachen nach bisher veröffentlichten theoretischen Untersuchungen jetzt als geklärt angesehen werden können. Die hauptsächlichsten Erreger dieser Schwingungen sind Stichmaßfehler und Lagerspiele. Außer diesen können noch unvollkommene Gewichtsausgleiche der rotierenden Getriebeteile und die veränderliche Getriebeelastizität infolge der Wellenverdrehung in Betracht kommen.

Zur Verminderung der Stichmaßfehler muß das Getriebe des Großmotors mit der größten Präzision ausgeführt werden. Die Motorwelle und die Blindwelle, die einen verhältnismäßig sehr großen Abstand haben, müssen parallel sein. Die Lagerung dieser Wellen muß solide und schwer ausgeführt werden, damit durch die elastischen Deformationen keine Änderung in der parallelen Lage der Wellen eintritt. Die Winkel der Anker- und Blindwellenkurbeln müssen genau um 90° versetzt sein oder beide den gleichen Winkelfehler haben und ganz gleiche Kurbellängen besitzen. Die Stangenlängen zwischen Motorwelle und Blindwelle müssen gleich sein; ferner haben sie mit der Mittenentfernung beider Wellen übereinzustimmen. Diese Bedingungen lassen sich nur mit solid und schwer ausgeführten Rahmen und Getrieben bei Verwendung von Spezialbearbeitungsmaschinen erreichen. Bei größeren Revisionen der Lokomotive muß beim Ausgießen der Lager und Abschleifen der Zapfen genauestens auf Einhaltung der einmal festgelegten Maße geachtet werden, da sonst Schüttelschwingungen auftreten können.

Die zweite wichtige Ursache der Schüttelschwingungen ist das Lagerspiel. Dies ist naturgemäß bis zu einer gewissen Größe unvermeidlich. Es wird daher bei diesen Antrieben stets eine kritische Geschwindigkeitszone geben, bei der mehr oder weniger leichte Zuckungen auftreten können.

Durch den Einbau zweckmäßiger federnder Glieder in den Antrieb ist es möglich, die Schwingungen zu dämpfen und gleichzeitig in Geschwindigkeitsbereiche zu legen, wo sie weniger stören. Beispielsweise arbeiten die Motoren der 1—C—1-Lokomotive der Wiesentalbahn (Abb. 35) seit über zwei Jahren mit federnden Ankern in zufriedenstellender Weise. Allerdings handelt es sich hier um verhältnismäßig kleine Motoren von 290 kWdd und 1300 mm Ankerdurchmesser; für Großmotoren jedoch ist bis zur Zeit eine befriedigende Lösung noch nicht bekannt.

Die Schüttelschwingungen verursachen, selbst wenn sie kaum merklich auftreten, in einigen Jahren eine allmähliche Lockerung von Nietverbindungen, wodurch die Schwingungen wieder stärker werden. Am deutlichsten sind sie stets am Kommutator sichtbar, weil bei den Beschleunigungsstößen teilweise Funkenbüschel unter den Kohlen hervorschießen, was für den Kommutator und die Kohlen im Laufe der Zeit unvermeidliche, höchst schädliche Folgeerscheinungen zeitigt. Auch an der Veränderung des Bürstengeräusches sind diese Schwingungen deutlich erkennbar.

Die Ausführung des mechanischen Teiles dieser Art von Lokomotiven ist schwer und teuer.

In elektrischer Hinsicht ist der Großmotor für die Schaltapparate wenig vorteilhaft, da bei der niedrigen Spannung eines Motors die Stromstärken große Werte annehmen, wozu schwere Schaltapparate notwendig sind. Antriebe, welche die Reihenschaltung von zwei Motoren ermöglichen, sind in dieser Beziehung weitaus günstiger.

Weitere Gründe, die gegen die Verwendung der Großmotoren sprechen, sind ihre teure Herstellung in der Fabrik und ihre kostspielige Instandhaltung in den Eisenbahnwerkstätten. Es lassen sich Kommutatormotoren, die sowohl in elektrischer als auch mechanischer Beziehung auf das höchste beansprucht sind, bei kleinen Durchmessern viel rascher und genauer herstellen als bei großen, insbesondere, wenn es sich um Serienherstellung handelt. Auch die Einrichtung und die Amortisation einer Werkstätte zur Herstellung von kleinen Motoren mit Ankergewichten bis zu 2 t ist wegen der Anschaffung von kleinen Werkzeugmaschinen und Transporteinrichtungen mit bedeutend kleineren Ausgaben verbunden als einer für Großmotoren, deren Anker bis zu 20 t wiegen. Kleine Anker erhalten Bleche, die aus einem Stück gestanzt sind, während sie beim Großmotor aus Segmenten zusammengesetzt werden müssen. Kommutatoren von 400 bis 700 mm Durchmesser sind viel fester und betriebssicherer herstellbar als die mit 2000 bis 2400 mm Durchmesser. Die Fliehkraftbeanspruchung eines Kommutatorsegmentes gleicher Größe nimmt zwar mit zunehmendem Durchmesser ab, ist aber bei Zahnradmotoren wegen des kleineren

Gewichtes auch kleiner. Die Fliehkraft ist bei kleinen Kommutatoren bis zu 500 mm Durchmesser nicht so groß, daß sie die Umfangsgeschwindigkeit des Kommutators mit 40 m/Sek. begrenzen würde.

Die Reparatur eines Großmotors ist aus denselben Gründen, die bereits bei der Fabrikation erwähnt worden sind, mit viel größerem Aufwand verbunden als die von mehreren kleinen Motoren derselben Leistung. Kleine Defekte an einem Motor, z. B. die Umwechslung eines Ankerstabes, machen die Erneuerung der gesamten Bandagen erforderlich, die beim Großmotor wesentlich teurer ist als beim kleinen Zahnradmotor, da es sehr unwahrscheinlich ist, daß bei mehreren Zahnradmotoren einer Lokomotive — und selbst wenn es 12 sein sollten — derselbe Defekt auftritt.

Über den Schmierölverbrauch bestehen zwar über längere störungsfreie Betriebszeiten keine Angaben. Es läßt sich aber an Hand der bisherigen Versuche feststellen, daß Kuppelstangenlokomotiven denselben, meist aber einen wesentlich höheren Ölverbrauch von 25 bis 45 kg je 1000 Lkm haben als Dampflokomotiven. Bei Verwendung von Einzelachsantrieben mit Außenrahmen und geschlossenen Achslagern ist der Schmierölverbrauch jedoch wesentlich kleiner als bei der Dampflokomotive und beträgt zwischen 12 bis 15 kg/1000 Lkm. Die Ölersparnis, die sich bei richtiger Wahl des Antriebssystems einer großen Bahn erzielen läßt, kann das wirtschaftliche Ergebnis des ganzen Betriebes günstig beeinflussen.

Für die Verwendung des Großmotors bei Schnellzuglokomotiven spricht wohl hauptsächlich der etwas größere Ausnützungsfaktor in elektrischer Beziehung. Auch das Fehlen der Zahnräder wird oft als Vorteil dieses Antriebes angesehen. Dazu ist zu bemerken, daß die Zahnräder heute auf einer derart hohen Stufe von Vollkommenheit stehen, daß sie zu den betriebssichersten Teilen der elektrischen Lokomotive gerechnet werden können.

Mit wachsender Leistung werden die Drehmomente, die von der Blindwelle aus zu übertragen sind, so groß, daß diese unverhältnismäßige Dimensionen annehmen würde. Sonst würden zu große Winkelverdrehungen entstehen, die wiederum Anlaß zu Schüttelschwingungen geben könnten. Die Firma Bergmann führt daher bei ihren Großmotoren einen △-Antrieb (Abb. 34) aus, bei dem zwei Blindwellen verwendet werden, wodurch das Pendeln des Drehmomentes von der einen Lokomotivseite auf die andere verhindert wird, so daß die Lokomotiven auch bei größeren Lagerspielen keine merklichen Schüttelschwingungen zeigen.

Für Vollbahn-Schnellzuglokomotiven, die mit Gleichstrom- oder Einphasenwechselstrom betrieben werden, bietet dieser Antrieb im allgemeinen wenig Vorteile.

Für Lokomotiven dagegen, die durch Drehstrominduktionsmotoren angetrieben werden, ist die Kupplung der Triebräder wegen des schlechten Parallelarbeitens zweier oder mehrerer Motoren unbedingt erforderlich. Die bei Reihenschlußmotoren mit Recht gefürchteten Schüttelschwingungen treten hier wegen der starren Charakteristik dieser Motoren nicht auf, womit also für Drehstrom- und Spaltphasenlokomotiven ein wesentliches Moment entfällt, welches früher zuungunsten dieses Antriebes sprach.

Da man in neuerer Zeit für diese beiden zuletzt erwähnten Bahnsysteme der einheitlicheren und billigeren Erzeugung halber 50-Perioden-Drehstrom verwendet, wie er sonst der übrigen Landesversorgung dient, erhalten derartige Lokomotiven kombinierte Zahnrad- und Kuppelstangenantriebe, die später näher ausgeführt werden.

Die Zusammenstellung Tabelle 7 gibt die bisher ausgeführten Lokomotiven mit direkt treibenden Motoren wieder.

In Tabelle 8 sind die wichtigsten Abmessungen der Motoren und Getriebe einer Reihe von bisher ausgeführten Lokomotiven mit direkt treibenden Motoren enthalten.

Aus der Tabelle ist zu ersehen, daß auch bei den ausgeführten Lokomotiven die Motoren bei kleineren Fahrgeschwindigkeiten nicht ausgenützt werden können. Nur große Schnellzuglokomotiven, deren Leistungen in einem großen Motor vereinigt sind, lassen, wie die 2—D—1-Lokomotiven der BEW zeigen, eine günstige Ausnützung der Motoren zu.

Tabelle 7.

	Bahnanlage	Jahr	Stromart	Zahl der Lok.	Achsanordnung	Getriebe
1.	New-York, New-Haven Hartford	1910	11 000 Volt 25 Per. Gleichstrom	1	1—B+B—1	2 Motoren Blindwelle schiefe Stange
2.	Pennsylvanien	1910	600 Volt Gleichstrom 600 Volt	31	2—B+B—2	2 Motoren Blindwelle schiefe Stange
3.	Wiesentalbahn	1912	15 000 Volt $16^2/_3$ Per.	12	1—C—1	2 Motoren V-Rahmen Blindwelle
4.	„	1912	15 000 Volt $16^2/_3$ Per.	12	1—C—1	2 Motoren V-Rahmen ohne Blindwelle
5.	D. R.-B. Bayern	1913	15 000 Volt $16^2/_3$ Per.	5	1—C—1	1 Motor Blindwelle schräge Stange

Tabelle 7 (Fortsetzung).

	Bahnanlage	Jahr	Stromart	Zahl der Lok.	Achsanordnung	Getriebe
6.	D. R.-B. Bayern	1914/16	15 000 Volt $16^2/_3$ Per.	10	2—C—1	1 Motor Blindwelle schräge Stange
7.	„ Preußen	1911	15 000 Volt $16^2/_3$ Per.	3	2—B—1	1 Motor Blindwelle senkrechte Stange
8.	„ „	1912	15 000 Volt $16^2/_3$ Per.	20	1—C—1	1 Motor Blindwelle schräge Stange
9.	„ „	1913	15 000 Volt $16^2/_3$ Per.	7	D	1 Motor Blindwelle schräge Stange
10.	„ „	1914	15 000 Volt $16^2/_3$ Per.	2	1—D—1	2 Motoren V-Antrieb 1 Blindwelle
11.	„ „	1917/24	15 000 Volt $16^2/_3$ Per.	17	2—D—1	1 Motor △-Antrieb 2 Blindwellen
12.	„ „	1924	15 000 Volt $16^2/_3$ Per.	5	2—C—2	1 Motor △-Antrieb 2 Blindwellen
13.	Mittenwaldbahn	1912	15 000 Volt $16^2/_3$ Per.	12	1—C—1	1 Motor 1 Blindwelle schräge Stange
14.	Wien—Preßburg	1914	15 000 Volt $16^2/_3$ Per.	8	1—B—1	1 Motor 1 Blindwelle schräge Stange
15.	Paris—Orléans	1920	Gleichstrom 1350 Volt	5	1—D—1	2 Motoren V-Rahm. (Schlitz) ohne Blindwelle
16.	Schwedische Staatsbahn	1914	15 000 Volt 15 Per.	19	1—C+C—1	2 Motoren 2 Blindwellen schräge Stangen
17.	„	1914	15 000 Volt 15 Per.	2	2—B—2	1 Motor 1 Blindwelle schräge Stange
18.	Ital. Staatsbahn	1913	3000 Volt 15 Per. Drehstrom	5	1—C—1	2 Motoren 2 Blindwellen schräge Stangen
19.	„ „	1917/18	3000 Volt 15 Per. Drehstrom	24	2—C—2	2 Motoren 2 Blindwellen schräge Stangen

Tabelle 8.

Anlage	D-Güterzuglokomotive D. R. B. Preußen	1-C-1-Personenzuglokomotive D. R. B. Baden	1-B-1-Personenzuglokomotive Wien-Preßburg	1-C+C-1-Erzzuglokomotive Schwedische St. B.	1-C-1-Schnellzuglokomotive D. R. B. Preußen	2-D-1-Schnellzuglokomotive (alt) neu D. R. B. Schlesien
Lieferant des elektrischen Teiles	AEG	SSW	AEG (Union)	SSW	MSW	Bergmann
Jahr der Inbetriebsetzung	1912	1912	1914	1915	1914—1918	1917—1924
Spurweite	1435	1435	1435	1435	1435	1435
Stromart	15 000 Volt $16^{2}/_{3}$ Per.	15 000 Volt 15 Per.	15 000 Volt 15 Per.	15 000 Volt 15 Per.	15 000 Volt $16^{2}/_{3}$ Per.	15 000 Volt $16^{2}/_{3}$ Per.
Größte Fahrgeschwindigkeit km/Std.	70	70	70	60	110	90
Größte Triebraddrehzahl	353	353	358	290	430	382
Triebraddurchmesser	1050	1050	1034	1100	1350	1250
Mittlerer Triebachsdruck in t	16,5	14	14	16,5	18	(17,48) 18
Zahl der Motoren	1	2	1	2	1	1
Leistung eines Motors in kW: 1 Stunde	590 kW	—	550 kW	—	1325 kW	2200 kW
Kühlungsart	s. v.	—	s. v.	—	k. v.	k. v.
Geschwindigkeit km/Std.	25	—	39	—	50	54
Dauernd	332 kW	290 kW	550 kW	430 kW	885 kW	1215 kW
Kühlungsart	s. v.	s. v.	s. v.	Raum gelüft.	k. v.	k. v.
Geschwindigkeit km/Std.	40	70	58,1	40	110	54
Dauerzugkraft kg/Achse	762	1015	1730	1315	985	2060
Adhäsion	1 : 22	1 : 13,8	1 : 8,10	1 : 12,5	1 : 18,3	1 : 8,7
Polzahl	16	—	24	24	—	(26) 36
Ständereisendurchmesser	2460	1600	1990	2350	2630	(3060) 2800
Ankerdurchmesser	2100	1300	1764	2050	2400	(2700) 2580
Luftspalt	3	3	3	3,3	3,5	(3,5) 3
Kommutatordurchmesser	2000	1000	1520	1660	1550	2100
Abstand von Motormitte bis Triebradmitte	1620	1390	1700	1735	1850	1975
Größte Umfangsgeschwindigkeit m/Sek.: Anker	38,8	29,6	33,1	31	54	(55,4) 53
Größte Umfangsgeschwindigkeit m/Sek.: Kommutator	37,0	18,5	28,5	25,1	35	43
Gewicht des Motors ohne Welle	16 950	9700	9900	13 500	—	(22 t) 18,7

2. Zahnradmotoren mit Vorgelegewelle in der Höhe der Triebradmitten.

Zum Antrieb von Güterzug- und Personenzuglokomotiven für einphasigen Wechselstrom ist der zuletzt erwähnte direkt treibende Motor wegen der zu kleinen Ankerumfangsgeschwindigkeit nicht geeignet.

Geheimrat Ossanna hatte bereits in den Vorlesungen im Jahre 1911[1]) erwähnt, daß es vorteilhaft ist, diese Lokomotiven mit Zahnradmotoren anzutreiben, weil dann bei passend gewähltem Vorgelege die Motoren stets voll ausgenützt werden können. Bei der praktischen Ausführung der Lokomotiven suchte man die Zahl der Motoren möglichst klein zu halten und sie so einzubauen, daß sie zugänglich sind und leicht gewartet werden können. Man hielt es auch bei kleineren Fahrgeschwindigkeiten für zweckmäßig, die ungefederten Gewichte zu verringern und

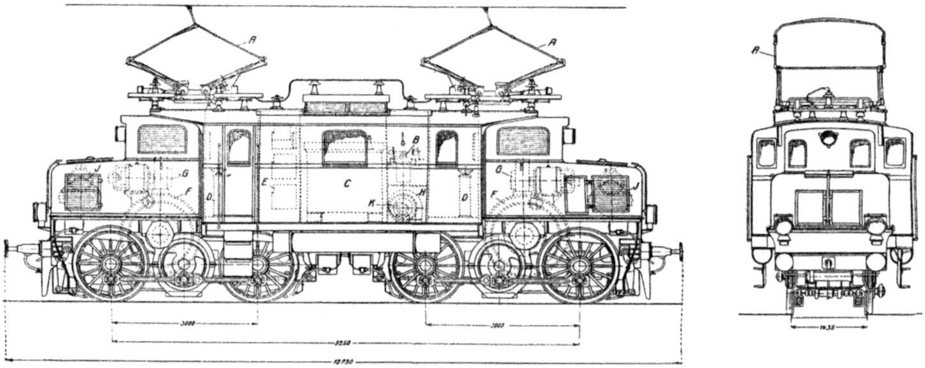

Abb. 37. B+B-Personenzuglokomotive der Deutschen Reichsbahn (AEG.).

höhere Schwerpunktlagen anzustreben. Aus diesen Gesichtspunkten heraus entstand der kombinierte Zahnrad- und Stangenantrieb, der in seiner einfachsten Gestalt mit der Vorgelegewelle in der Höhe der Triebachsmitten bei den europäischen Einphasenwechselstrom- und amerikanischen Spaltphasenlokomotiven die größte Verbreitung gefunden hat. Dieser Antrieb ist nicht nur für Güter- und Personenzug-, sondern auch für Schnellzuglokomotiven geeignet. Der Motor bzw. die Doppelmotoren, die mit der Vorgelegewelle in einem gemeinsamen Stahlgußgehäuse sitzen, sind mit dem Rahmen der Lokomotive fest verbunden und dadurch gegenüber der Triebachse vollkommen abgefedert. Von der Vorgelegewelle aus, die gleichzeitig Blindwelle ist, werden mittels Kuppelstangen die Triebräder angetrieben (Abb. 37 und 38). Besonders günstig ist auch hier die Anordnung von Doppelmotoren, weil dadurch die großen Zahn-

[1]) Techn. Hochschule München.

räder besser ausgenützt und das Gesamtgewicht der Lokomotive kleiner gehalten werden kann.

Die Grundgleichungen für diesen Antrieb sind für den Tram- und Westinghouse-Antrieb bereits ausführlich abgeleitet worden.

Der größte Motordurchmesser ist gegeben durch die Gleichung

$$D \leq \frac{(\Phi - 2b) - (2s + d)}{\frac{v_a - v_z}{v_a}},$$

und der kleinste Triebraddurchmesser ist bestimmt durch

$$\Phi^2 - p\Phi - q = 0 .$$

Die Nomogrammtafeln Abb. 15 und 16 können hier unverändert verwendet werden. Die Beschränkung des Ankerdurchmessers durch die

Abb. 38. 1 C+C 1-Erzzuglokomotive der Schwed. Staatsbahn (AEG und SSW.).

größte Überhöhung h, die eine Eigenschaft des Tramantriebes ist, entfällt hier. Auch der Durchmesser des Vorgelegezahnrades kann hier größer als beim Tramantrieb gewählt werden, weil die meisten Eisenbahnvorschriften bei Zahnrädern, die durch die Radbandagen gedeckt sind, also senkrecht über dem Schienenkopf liegen, einen kleineren Abstand von S. O. zulassen als bei seitlich von den Triebrädern gelagerten Zahnrädern. Da aber der Durchmesser der Vorgelegewelle wegen der Doppelmotoranordnung und der dauernd wechselnden Beanspruchung auf Drehung infolge des Kuppelstangenantriebes wesentlich größer als der Durchmesser der Triebachse bei Tramantrieb gewählt werden muß, dürften die größten Ankerdurchmesser dieser beiden Antriebe keine nennenswerten Unterschiede aufweisen.

Obwohl dieser Antrieb zu den Kuppelstangenantrieben gehört, verhält er sich gegenüber den Schüttelschwingungen sehr günstig. Denn es entfällt zunächst die schräge Stange und damit eine der häufigsten Quellen der Stichmaßfehler. Die parallele Lage der Motorwelle zu der Vorgelegewelle (Blindwelle) läßt sich hier auch viel sicherer erreichen als beim vorhin besprochenen direkten Antrieb, da hier die Entfernung dieser Wellen klein ist. Das Stahlgußstück, welches das Motorgehäuse mit dem Vorgelegewellenlager umfaßt, kann in einem Bohrwerk so bearbeitet werden, daß die parallele Lage dieser drei Wellen unbedingt gewährleistet ist.

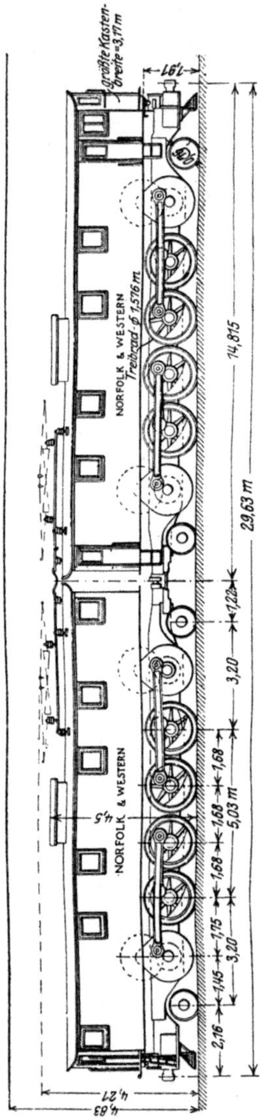

Abb. 39. 1 BB 1 + 1 BB 1-Spaltphasenlokomotive der Norfolk-Western (Westinghouse).

Das Lagerspiel, welches die zweite hauptsächlichste Ursache der Schüttelschwingungen ist, rührt hier nur von einem Lager her, im Gegensatz zum direkten Antrieb, bei welchem die Lagerspiele der beiden Lager der schrägen Stange in gleichem Sinne wirken. Allerdings kommt hier noch das Spiel der Zahnräder hinzu, das mit zunehmender Zahnradabnützung größer wird.

Das federnde Glied zur Verringerung dieser Schwingungen und zur Erreichung einer steten Kraftschlüssigkeit des Getriebes wird meistens in die Ritzel verlegt, wo es sich konstruktiv gut ausbilden läßt. Im allgemeinen haben Lokomotiven mit diesem Antrieb, wenn der mechanische Teil keine groben Fehler aufweist, meist nur kaum merkbare Schüttelschwingungen. Die Lokomotiven erhalten fast durchweg Innenrahmen. Der Einbau der elektrischen Apparate in den Lokomotivkasten läßt sich bei günstiger Ausnützung des Raumes erreichen. Zur Erzielung einer gleichmäßigen Gewichtsverteilung auf alle Triebachsen muß bei den Einphasenlokomotiven fast stets die Motorgruppe zwischen zwei Triebachsen angeordnet werden. Dies bedingt aber einen großen Radstand und hat zur Folge, daß man bei vierachsigen Lokomotiven oft schon komplizierte Konstruktionen anwenden muß, damit sie die nötige Kurvenläufigkeit besitzen.

Die Rahmenbleche werden ferner durch die großen Ausschnitte für Motor- und Vorgelegewellenlager stark geschwächt, so daß meistens das Stahlgußgehäuse der Motoren zur Versteifung des Rahmens herangezogen und oft besondere Stahlgußteile zur Verstärkung des Rahmens an dieser Stelle angebracht werden müssen.

Die amerikanischen Konstrukteure hingegen haben die Motor gruppe zwischen der Laufachse und der vordersten Triebachse ange ordnet und damit nicht nur einen guten Gewichtsausgleich, sondern auch einen kleineren festen Achsstand erreicht (Abb. 39).

Bei den gebräuchlichsten Achsdrücken zwischen 14 bis 18 t und bei einem Triebraddurchmesser bis zu 1400 mm kann mit diesem Antrieb bei Einphasengüter- und Schnellzuglokomotiven noch genügend Leistung untergebracht werden. Für große Achsdrücke jedoch dürfte diese Bauart, wenn man nicht verhältnismäßig große Raddurchmesser verwenden will, nicht mehr genügen.

Da Güterzüglokomotiven meist nur Triebachsen erhalten sollen, muß eine Motorgruppe drei Achsen antreiben. Es entfällt daher pro Achse nur zwei Drittel der Leistung eines Motors, während beim Tramantrieb die Leistung je Achse einen Motor beträgt, also 50% größer ist.

Bei Personen- und Güterzuglokomotiven, die im allgemeinen größere Leistungen je Achse beanspruchen, braucht wegen der Anordnung der Laufachsen oder Laufdrehgestelle eine Motorgruppe nur zwei gekuppelte Achsen anzutreiben. Deshalb können mit diesem Antrieb bei Schnellzuglokomotiven größere Leistungen je Achse als bei Güterzuglokomotiven erreicht werden.

Mit diesem Antrieb wurden bisher ausgeführt:

Tabelle 9.

	Bahnanlage	Jahr	Stromart	Zahl	Achsanordnung
1.	Norfolk-Western . .	1915	10 000 Volt, 25 Per. Spaltphasen	24	1—B—B—1
2.	„	1924		—	1—C—C—1
3.	Virginia Railway .	1924		8	1—D—1
4.	Pennsylvania . . .	1924	10 000 Volt, 25 Per. u. Gleichstrom 600 Volt	3	1—B—B—1
5.	D. R. B.	1915/21	15 000 Volt, $16^2/_3$ Per.	12	B+B+B
6.	„	1919	„	2	2—B+B—1
7.	„	1915/18	„	5	C+C
8.	„	1924	„	5	B+B
9.	Schweizer B. B. . .	1921/22	„	41	1—B—B—1
10.	Österr. B. B. . . .	1923/24	„	20	1—C—1
11.	Norwegische St. B. .	1922	15 000 Volt, 15 Per.	22	B+B
12.	Schwedische St. B. .	1922	„	2	2—B+B—2
13.	„ „ .	1922/23	„	11	1—C+C—1
14.	„ „ .	1924/25	15 000 Volt, $16^2/_3$ Per.	50	1—C—1
15.	„ „ .	1924/25	„	5	1—C+C—1

Tabelle 10.

Anlage		B+B+B Güterzug-Lokomotive D. R. B. Schlesien	B+B Personenzug-Lokomotive D. R. B. Schlesien
Lieferant des elektrischen Teiles		SSW	AEG
Jahr der Inbetriebsetzung		1915/21	1924
Spurweite		1435	1435
Stromart		15 000 Volt $16^2/_3$ Per.	15 000 Volt $16^2/_3$ Per.
Größte Fahrgeschwindigkeit km/Std.		45 [1]	65
Größte Triebraddrehzahl		177	230
Triebraddurchmesser		1350	1500
Mittlerer Triebachsdruck in t		17,5	18
Zahl der Motoren		3	2
Leistung eines Motors in kW	1 Stunde	—	370 kW
	Kühlungsart		k. v.
	Geschwindigkeit km/Std.	—	30
	Dauernd	187 kW	280 kW
	Kühlungsart	k. v.	k. v.
	Geschwindigkeit km/Std.	20	30
Dauerzugkraft		1715	1710
Adhäsion		1 : 10,2	1 : 10,6
Polzahl		10	16
Statoreisendurchmesser, außen		1220	1300
Ankerdurchmesser		943	1074
Luftspalt		3,5	3
Kommutatordurchmesser		580	800
Übersetzung, Zähnezahl		109:21 = 5,18	95:26 = 3,78
Einseitig, doppelseitig, gerade, schräg		g. d.	sch. d.
Modul, Breite		$10\,\pi$, —	$13{,}07\,\pi$, 126
Teilkreisdurchmesser	Zahnrad	1090	1242,06
	Ritzel	210	339,93
Zentrale		650	791
Durchmesser der Vorgelegewelle im Lager		190	220
Größte Motordrehzahl		1015	870
Größte Umfangsgeschwindigkeit m/Sek.	Anker	45	49
	Kommutator	27,8	36,5
	Zahnrad	10,1	15,5
Kleinster Abstand Zahnradschutzkasten von S. O.		100	110
Entfernung der Motormitten		—	—

[1]) 45 km/Std. mit Strom; 50 km/Std. stromlos.

In der Tabelle 10 sind von einer Reihe der oben angeführten Lokomotiven die wesentlichen Maße der Motoren und der Getriebe enthalten.

Tabelle 10.

1-C-1-Personenzuglokomotive Österr. B. B.	1-B-B-1-Schnellzuglokomotive Schweizer B. B.	1-C+C-1-Erzzuglokomotive Schwedische St. B.	B+B-Personenzuglokomotive Norwegische St. B.	2-B+B-2-Schnellzuglokomotive Schwedische St. B.	1-C-1-Pers.- u. Schn.-Zuglokomotive Schwedische St. B.
AEG (Union)	BBC	AEG u. SSW.	ASEA	ASEA	ASEA
1924	1919	1922/23	1922	1922	1924
1435	1435	1435	1435	1435	1435
15 000 Volt	15 000 Volt	15 000 Volt	15 000 Volt	15 000 Volt	15 000 Volt
$16^2/_3$ Per.	$16^2/_3$ Per.	15 Per.	15 Per.	15 Per.	$16^2/_3$ Per.
70	75	60	60	100	60/90
213 [1])	260	208	220	393	208/312
1740	1530	1530	1445	1350	1530
14,5	20,05	16,82	15,5	16,7	17
2 (1 DM)[2])	4 (2 DM)	4 (2 DM)	2	4 (2 DM)	2 (1 DM)
440 kW	375 kW	530 kW	345 kW	415 kW	610 kW
k. v.	k. v.	k. v.	k. v.	k. v.	k. v.
36	52	39	33,5	66	49,5/65,5
330 kW	327 kW	420 kW	295 kW	330 kW	490 kW
k. v.	k. v.	k. v.	k. v.	k. v.	k. v.
36	56	45	37	74	56/74
2240	2140	2280	1465	1640	{ 2150 1620
1 : 6,48	1 : 9,58	1 : 7,4	1 : 10,55	1 : 10,2	{ 1 : 7,9 1 : 10,5
12	12	10	—	14	—
1300	1130	1250	1136	1310	1300
1040	860	1000	895	1050	1050
3	2	3	3,1	3	3,6
800	760	700	700	840	730
101:24 = 4,21	1 : 3,195	93:19 = 4,9	94:22 = 4,27	107:61 = 1,76	{ 99:31=3,2 106:25=4,24
g. d.	g. d.	g. d.	g. d.	g. d.	sch. d.
14 π, 125	— —	14 π, 130	12 π, 135	10 π, 135	12 π, 130
1414	1207	1302	1130	1070	1190 1270
336	377	266	264	610	372 300
875	792	784	697	840	784
220	240	260	240	250	275
900	832	1020	942	692	883/1000
49	37,4	53,4	44,1	38	48,5/55
37,7	33,1	37,3	34,5	30,5	33,7/38,3
15,8	16,4	14,2	13,1	22,1	13,8/19,5
140	120	100	145	100	100
—	1300	1320	—	1420	1320

[1]) 70 km/Std. mit Strom; 80 km/Std. stromlos. [2]) Doppelmotor.

3. Zahnradmotoren mit Kuppelstangenantrieb und überhöhter Vorgelegewelle.

Um größere Leistungen je Achse als beim zuletzt beschriebenen Antrieb unterbringen zu können, wurden eine Reihe verschiedener Kon-

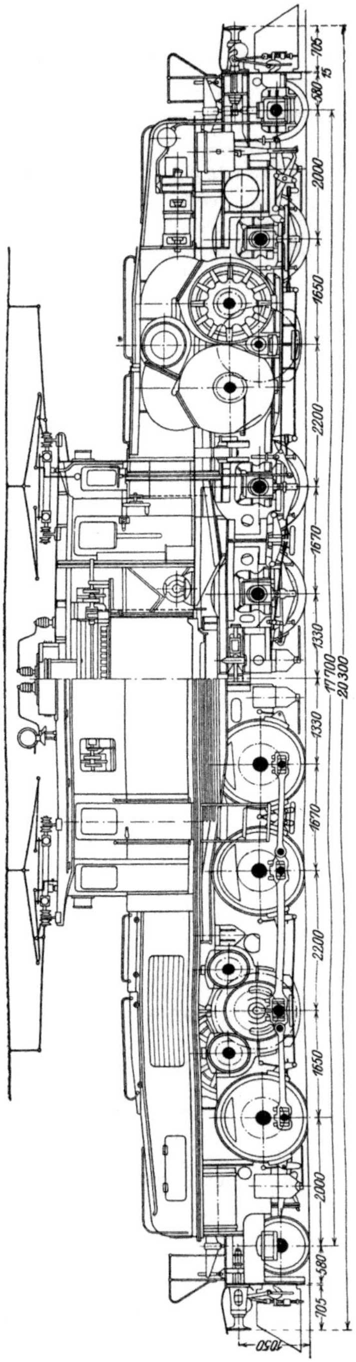

Abb. 40. 1 C—C 1-Gebirgslokomotive der Österr. Bundesbahnen (BBC).

struktionen entworfen und auch ausgeführt. Wie beim Antrieb II, 2 aus der Gleichung (20) für den größtmöglichen Triebraddurchmesser hervorgeht, kann eine Erhöhung der Leistung nur durch Vergrößerung der Zahnradumfangsgeschwindigkeit erreicht werden. Es muß also bei gleichbleibendem Triebraddurchmesser das Vorgelegezahnrad vergrößert werden, was nur durch Höherlegung der Vorgelegewelle erzielt werden kann.

Bezeichnet man mit h die Überhöhung der Vorgelegewelle über der Triebachse, so lautet die Gleichung für den größtmöglichen Ankerdurchmesser

$$D \leqq \frac{\Phi - (2b - h) - (2s + d)}{\dfrac{v_a - v_i}{v_a}}. \quad (26)$$

Zur nomographischen Darstellung dieser Gleichung kann die Nomogrammtafel Abb. 15 benutzt werden, jedoch müssen zwei der Skalen mit $\Phi - (2b - h)$ statt mit $\Phi - 2b$ beziffert werden. Aus der Gleichung und aus dem Nomogramm ist zu ersehen, daß es nötig ist, h möglichst groß zu wählen, um große Ankerdurchmesser zu erhalten. Das größtzulässige h muß aber vor Beginn der Rechnung oder Auswertung des Nomogramms bekannt sein. Da aber h nur von den charakteristischen Eigenschaften des betreffenden Antriebes abhängt, so sollen die bisher ausgeführten Konstruktionen mit überhöhter Vorgelegewelle kurz besprochen werden.

a) Die Vorgelegewelle kann beim Antrieb II, 2 so weit überhöht angeordnet werden (Abb. 40), als die

Längenänderungen, die bei den Stangen durch das Federspiel auftreten, vom Lagerspiel aufgenommen werden. Nach den praktischen Ausführungen kann man $\operatorname{tg}\alpha$ bis zu 0,015 oder 0,02 wählen und erhält dann Überhöhungen von 15 bis 30 mm. Diese kleinen Werte vergrößern die Ankerdurchmesser nur unwesentlich, können aber schon erhöhte Abnutzungen der Triebstangenlager verursachen.

Die Lokomotiven, die von vornherein mit einer großen Überhöhung ausgeführt wurden, sind folgende:

	Bahnanlage	Lieferjahr	Stromart	Zahl der Lokomotiven	Achsanordnung	Überhöhung
1.	Schweizer B.-B. .	1921/23	15 000 Volt $16^2/_3$ Per.	1 Probe-lokomot.	1—C+C—1	30 mm
2.	Virginia Railway	1923	11 000 Volt 25 Per. Spaltphasen	3	1—C+C—1	—
3.	Österr. B.-B. . .	1922	15 000 Volt $16^2/_3$ Per.	5	1—C+C—1	30 mm

Einige von den Lokomotiventypen, die in der letzten Tabelle der Lokomotiven ohne Überhöhung angegeben sind, erhielten später bei der Ausführung aus konstruktiven Rücksichten kleine Überhöhungen von 10 bis 12 mm. Sie sind aber trotzdem in der Tabelle für $h = 0$ aufgeführt worden.

b) Große Überhöhungen kann man mit der Schlitzkuppelstange erreichen (Abb. 41). Durch einfache Nachrechnung aus den geometrischen Verhältnissen kann man sich überzeugen, daß die $\operatorname{tg}\alpha$ äußerstenfalls Werte bis zu 0,080 erreichen kann, damit die Längenänderung der Schlitzkuppelstange beim Springen einer Achse noch in zulässigen Grenzen bleibt. Es ergeben sich daraus bei Normalspur je nach Radstand Überhöhungen, die zwischen 75 bis 120 mm liegen. Die mit dieser verhältnismäßig einfachen Konstruktion erzielten Vergrößerungen der Motorleistung ist daher schon ganz beträchtlich. Die große Zahl der zwischen 1912 bis 1916 ausgeführten Lokomotiven beweist auch, welch große Hoffnungen man in dieses Getriebe setzte. Leider ist der Raum, welcher für Gleitflächen zur Verfügung steht, so klein, daß sie nicht entsprechend groß ausgeführt werden können und sich daher verhältnismäßig rasch abnützen. Dies rührt einerseits von der großen Flächenpressung her, andererseits ist die rasche Abnützung eine Folge der schleifenden Wirkung des unvermeidlichen feinen Staubes des Oberbauschotters, der von den stets mit Öl benetzten Flächen festgehalten wird. Ein großes Spiel in den Gleitsteinen ist daher trotz bester Instandhaltung unvermeidlich. Daher trägt dieses Getriebe wesentlich zum Auftreten von Schüttelschwingungen bei.

Endlich ist die Schlitzkuppelstange sehr schwer, erfordert zu ihrer Ausbalancierung ein großes Gegengewicht, welches wiederum das Gesamtgewicht der Lokomotive vergrößert. In neuerer Zeit wird dieses

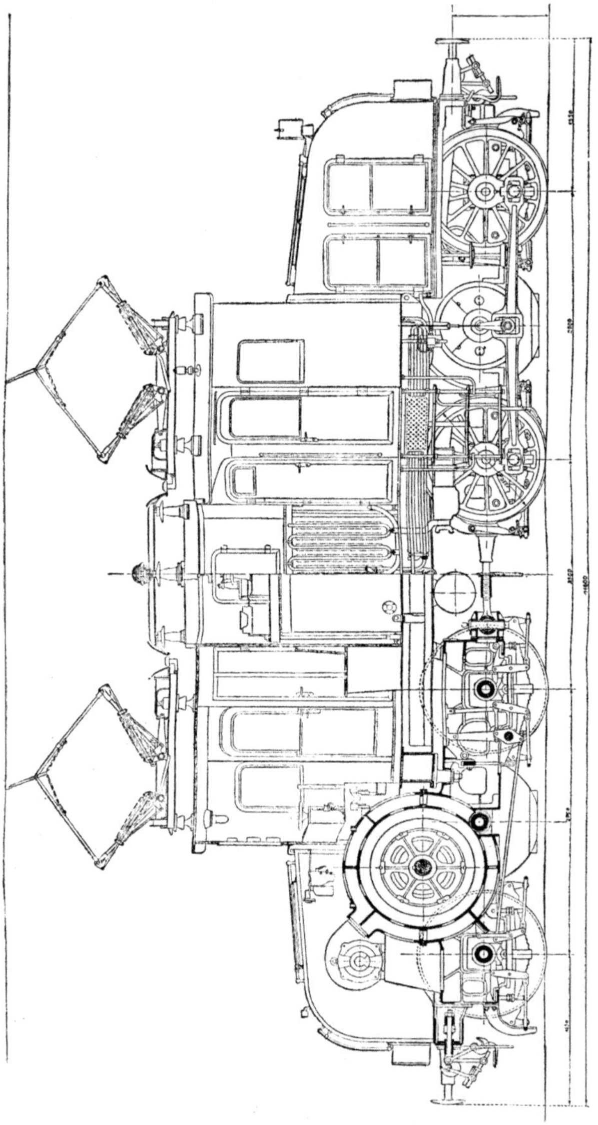

Abb. 41. B+B-Güterzuglokomotive der Deutschen Reichsbahn (AEG).

Getriebe hauptsächlich für Lokomotiven kleinerer Leistung, wie sie für Nebenbahnen gebraucht werden, verwendet.

Die bisher mit Schlitzkuppelstange ausgeführten Lokomotiven sind folgende:

	Bahnanlage	Jahr	Stromart	Zahl d. Lok.	Achsanordnung	Überhöhung
1.	Seebach—Wettingen	1916	10 000 Volt $16^2/_3$ Per.	2	B+B	$h = 120$ mm $\operatorname{tg}\alpha = 0{,}12$
2.	Waitzen—Gödöllö .	1912	10 000 Volt $16^2/_3$ Per.	4	B+B	—
3.	Deutsche R. B. . .	1913/18	15 000 Volt $16^2/_3$ Per.	27	B+B	$h = 75$ mm $\operatorname{tg}\alpha = 0{,}052$
4.	„ „ . .	1914/16	15 000 Volt $16^2/_3$ Per.	2	B+B	$h = 110$ mm $\operatorname{tg}\alpha = 0{,}08$
5.	Schweizer B. B. . .	1919	15 000 Volt $16^2/_3$ Per.	1	1—B—B—1	$h = 120$ mm $\operatorname{tg}\alpha = 0{,}083$
6.	Burgdorf—Thun . .	1919	750 Volt Drehstrom 15 Per.	—	B+B	—
7.	Bernische Dekretsbahnen	1920	15 000 Volt $16^2/_3$ Per.	20	1—B+B—1	$h = 133$ mm $\operatorname{tg}\alpha = 0{,}102$
8.	Schwed. Staatsbahn	1920	15 000 Volt $16^2/_3$ Per.	10	D	$h = 110$ mm $\operatorname{tg}\alpha = 0{,}069$
9.	„ „	1921	15 000 Volt $16^2/_3$ Per.	2	B+B	$h = 75$ mm $\operatorname{tg}\alpha = 0{,}052$

Die wichtigsten Daten der Motoren und Getriebe der Lokomotiven unter 3. und 8. sind in der Tabelle 11 am Schlusse dieses Abschnittes enthalten.

c) Eine andere Konstruktion, welche die Verwendung von großen Vorgelegerädern gestattet, ist der nach seinem Erfinder benannte Kándo-

Abb. 42. 1 E 1-Lokomotive der Lötschbergbahn (Örlikon).

Rahmen (Abb. 42). Er wurde ursprünglich für Drehstromlokomotiven entworfen, um die Blindwelle zu ersparen, kann jedoch auch für Einphasenlokomotiven mit Vorteil verwendet werden. Allerdings setzt er bei zwei Motoren auch zwei Vorgelegewellen voraus, die eine ziemliche Gewichtsvergrößerung der Lokomotive zur Folge haben. Weiter ist bei

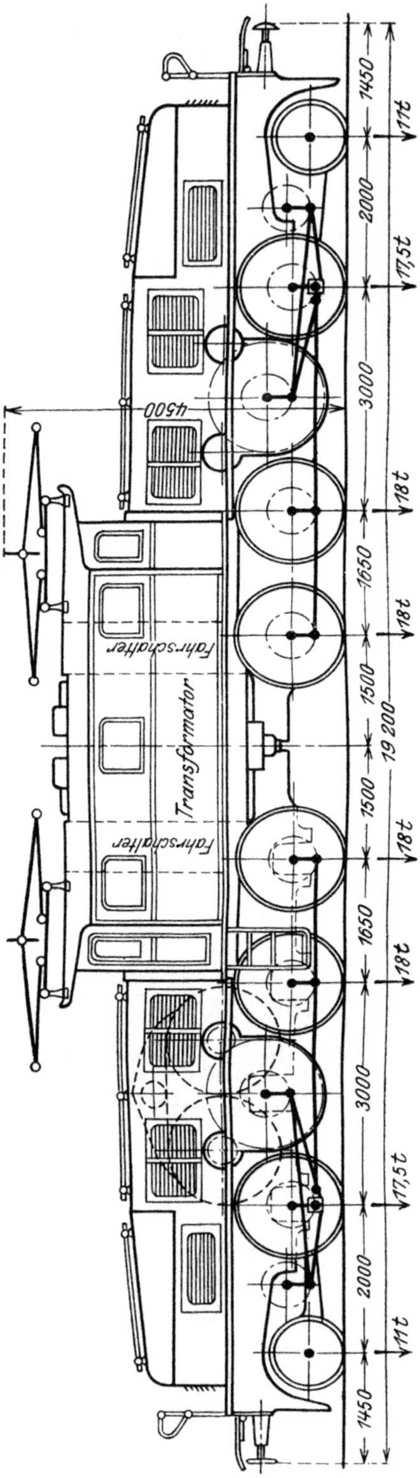

Abb. 43. 1 CC 1-Güterzuglokomotive der S. B. B. (Ölikon).

diesem Antrieb die Möglichkeit des Auftretens von Schüttelschwingungen durch die gegenseitige Einwirkung beider Motormassen vorhanden, welche im Resonanzfall das Getriebe gefährden können. Es muß daher zur Störung der Resonanzbedingung stets ein Rotor bzw. das eine große Zahnrad gefedert sein. Das Getriebe hat aber noch andere Nachteile: der Gleitstein hat stets ein größeres Lagerspiel zur Folge. Die Ausführung der parallelen Lage der vier Wellen ist schwierig, da sie eine große Entfernung voneinander haben; es ist daher die Möglichkeit von Stichmaßfehlern größer.

Der Kándo-Rahmen ist hinsichtlich des Springens einer Achse an keine bestimmte Überhöhung gebunden, da er kinematisch einwandfrei ist, er wird aber meist nur mit $h = 200$ bis 300 mm ausgeführt, da der Kurbelzapfendruck mit wachsendem h immer größere Werte annimmt.

Das Getriebe gestattet, die Triebräder nahe aneinander anzuordnen, wodurch ein kleiner Achsstand erreicht wird.

Da bei Drehstrom die Schüttelschwingungen nicht auftreten, ist der Kándo-Rahmen, wie bereits eingangs erwähnt, bei den direkt treibenden Motoren wegen der Ersparung der Blindwellen und der kurzen Bauart der Lokomotiven vor allem sehr vorteilhaft und wurde deswegen vielfach angewandt. Bisher wurden mit dem Kándo-Rahmen die folgenden Lokomotiven ausgeführt:

	Bahnanlage	Jahr	Stromart	Zahl	Achsanordnung
1.	Lötschberg	1914	15 000 Volt, $16^2/_3$ Per.	12	1—E—1
2.	Schweizer B. B. . .	1919	,,	1	1—C—1
3.	,, ,, . .	1921	,,	50	2—C—1
4.	Ital. Staatsbahn[1]) .	1903/06	3000 Volt Drehstrom 15 Per.	7	1—C—1
5.	,, ,, [1]) .	1915	3000 Volt Drehstrom 15 Per.	16	1—C—1
6.	,, ,, [1]) .	1919	3000 Volt Drehstrom 15 Per.	180	E

Die wichtigsten Daten des Motors und Getriebes der unter 3. angeführten Lokomotiven sind in Tabelle 11 am Schlusse dieses Abschnittes enthalten.

d) Die SLFW. hat in Verbindung mit der Firma Örlikon auf Grund der Erfahrungen mit den 1—E—1-Lokomotiven der Lötsch-

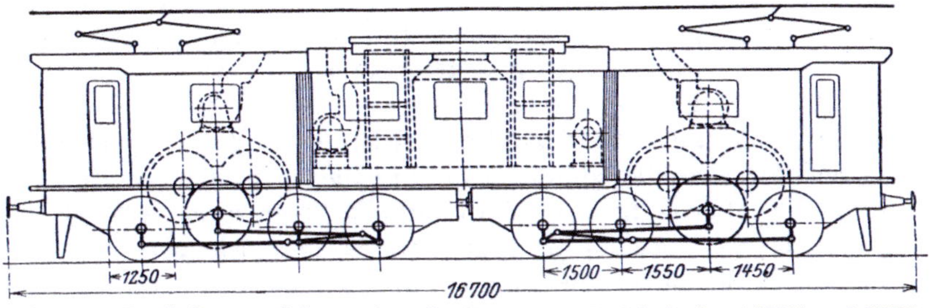

Abb. 44. C+C-Güterzuglokomotive der Deutschen Reichsbahn (AEG und SSW).

bergbahn für Güterzuglokomotiven ein neues Getriebe entwickelt. Es sollen hierfür Versuche entscheidend gewesen sein, die mit 1—E—1 Lokomotiven bei einem mechanisch abgeschalteten Motor durchgeführt wurden und bei welchem die vor dem Einbau der Federn heftigen Schüttelschwingungen sich nicht bemerkbar gemacht haben sollen. Bei diesen Getrieben ist für zwei Motoren nur eine Vorgelegewelle nötig. An Stelle der zweiten Vorgelegewelle ist zur Führung des Kuppelrahmens eine pendelnd angeordnete leichte Blindwelle vorhanden, deren Bewegungen von einer starken Feder eingeschränkt werden (vgl. Abb. 43).

Das komplizierte Getriebe kann leicht Ursache von Stichmaßfehlern und größeren Lagerspielen sein. Durch entsprechend angebrachte Federung in den Zahnkolben soll dieses Getriebe, welches bei 23 Güterzuglokomotiven der Achsanordnung 1—C+C—1 im Jahre 1920 für die S. B. B. geliefert wurde, zufriedenstellend gearbeitet haben.

[1]) Ohne Zahnradvorgelege, direkt treibend.

e) Der Antrieb (Abb. 44) mit schräger Stange ohne Blindwelle gehört von den unter b) bis d) beschriebenen Antrieben wohl zu den einfachsten. Da diese Stange mit großer Länge ausgeführt werden kann, ist bei einem noch zulässigen größten $\operatorname{tg} \alpha = 0{,}08$ die Überhöhung h verhältnismäßig groß und beträgt bei normalen Verhältnissen bis zu 280 mm. Die Leistungen der Motoren sind daher ungefähr ebenso groß wie beim Kándo-Rahmen.

Als Nachteil muß das große Gewicht der schrägen Stange, das kinematisch nicht einwandfreie Getriebe und die größere Wahrscheinlichkeit des Auftretens von Stichmaßfehlern und Lagerspielen bezeichnet werden. Die Federung der Zahnkolben dient auch hier in genau derselben Weise wie bei den vorher beschriebenen Antrieben zur Verminderung auftretender Schüttelschwingungen.

Dieser Antrieb wird neuerdings hauptsächlich beim Bau von Einphasengüterzuglokomotiven verwendet, da bereits bei Achsdrücken über 18 t das Bedürfnis nach einer so großen Leistung je Achse besteht, die mit Kuppelstangen, $h = 0$ und kleineren Triebraddurchmessern nicht erreicht werden kann. Besonders bei den in neuerer Zeit immer zahlreicher in Dienst gestellten luftgebremsten Güterzügen, bei welchen die mittlere Geschwindigkeit ganz beträchtlich, und zwar von 20 auf 35 km/Std. und die Höchstgeschwindigkeit von 50 auf 60 km erhöht wurde, ist eine wesentlich größere Leistung für die Lokomotive erforderlich; für Schnellzuglokomotiven hingegen ist dieser Antrieb trotz ähnlich großer Leistung wie beim Kándo-Rahmen nicht geeignet, weil das Getriebe, wie bereits erwähnt, kinematisch nicht einwandfrei ist.

Bisher wurden mit diesem Antrieb die folgenden Lokomotiven ausgeführt:

	Bahnanlage	Jahr	Stromart	Zahl der Lokomot.	Achsanordnung	Überhöhung
1.	Lötschbergbahn	1910	15 000 Volt $16^2/_3$ Per.	1 Probelok.	C+C	—
2.	Gotthardt Schw. B. B.	1919	15 000 Volt $16^2/_3$ Per.	1 Probelok.	1—C+C—1	h = ca. 250 mm $\operatorname{tg}\alpha = 0{,}080$
3.	Rhätische Bahn	1921	11 000 Volt $16^2/_3$ Per.	6	C—C	h = ca. 170 mm $\operatorname{tg}\alpha = 0{,}075$
4.	Deutsche R. B.	1924/25	15 000 Volt $16^2/_3$ Per.	35	C—C	h = ca. 250 mm $\operatorname{tg}\alpha = 0{,}085$
5.	„ „	1924/25	15 000 Volt $16^2/_3$ Per.	37	1—B—B—1	h = ca. 250 mm $\operatorname{tg}\alpha = 0{,}08$

4. Hochliegende Zahnradmotoren mit Blindwelle, V- oder △-Rahmen.

Bei den Lokomotiven mit horizontal oder überhöht angeordneter Kuppelstange ist besonders bei niedrigen Geschwindigkeiten die Motorleistung durch die Beschränkung im Durchmesser des Zahnrades klein. Gerade für dieses Geschwindigkeitsgebiet, welches sich bis zu 60 km/Std. erstreckt, ergaben die bisher besprochenen Antriebe, insbesondere bei kleinem Triebraddurchmesser und großen Achsdrücken, zu kleine Leistungen. In noch stärkerem Maße macht sich dies bei Schmalspurlokomotiven bemerkbar.

Um also größere Leistungen für die kleineren Fahrgeschwindigkeiten bei den modernen großen Achsdrücken zu erzielen, muß man sich vom kleinsten Abstand des Radschutzkastens von S. O. unabhängig machen und den Motor mit dem Vorgelege hoch lagern, damit man den Durchmesser des großen Zahnrades von vornherein unabhängig vom Triebraddurchmesser wählen kann. Auf diese Weise gelangt man zum hochgelagerten Zahnradmotor bzw. Doppelmotor. Der Antrieb von der Vorgelegewelle aus auf die Triebräder kann in derselben mannigfaltigen

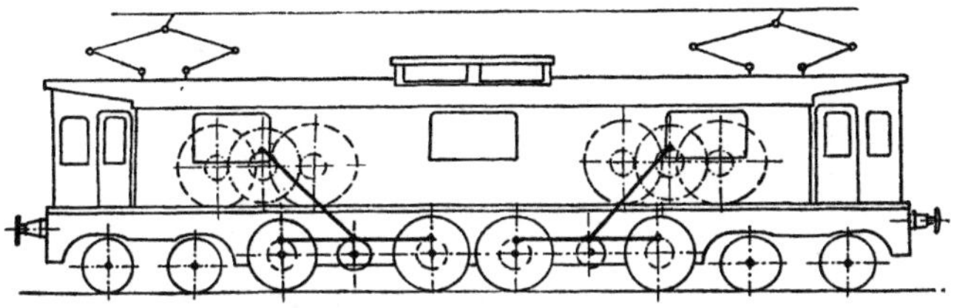

Abb. 45. 2 BB 2-Personenzuglokomotive der Deutschen Reichsbahn (AEG. und SSW.).

Weise, wie es beim direkt treibenden Motor bereits ausführlich beschrieben wurde, erfolgen. Am häufigsten findet man hier die schräge Stange mit Blindwelle (Abb. 45).

Bei allen Zahnradkuppelstangenlokomotiven liegen bei Fahrgeschwindigkeiten über 90 km/Std., wie sie für Schnellzüge in Betracht kommen, die größten Zahnradumfangsgeschwindigkeiten über 20 m/Sek. Hinsichtlich der größten Leistung je Achse sind daher für Schnellzuglokomotiven die verschiedenen Ausführungsformen des Zahnradkuppelstangenantriebes nahezu gleichwertig. Da aber hier die Zahnradumfangsgeschwindigkeiten v_z von vornherein gewählt werden können und die Beschränkung des kleinsten Abstandes des Zahnradschutzkastens von S.-O. wegfällt, so verändert sich die Gleichung für den Ankerdurchmesser gegenüber den bisher abgeleiteten wie folgt:

$$v_a = \frac{D \pi n}{60}; \qquad v_k = \frac{\Phi \pi n_t \cdot 3{,}6}{60};$$

$$z \geqq \frac{D + 2s + d}{2}; \qquad v_z = \frac{2 \pi n}{60} \cdot \frac{z}{\ddot{u} + 1};$$

$$n_t = \frac{n}{\ddot{u}}.$$

Daraus ergibt sich

$$D \leqq \frac{\Phi \cdot \frac{v_z}{v_k} \cdot 3{,}6 - (2s + d)}{\frac{v_a - v_z}{v_a}}, \qquad (27)$$

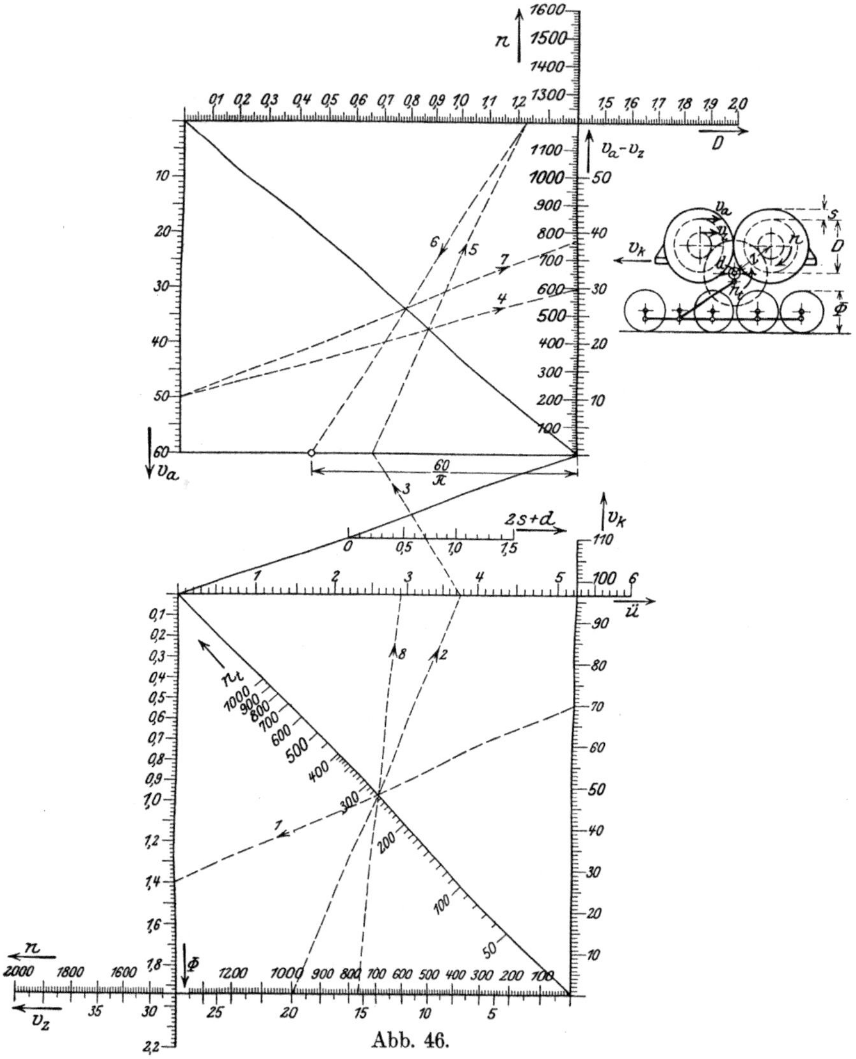

Abb. 46.

Diese Gleichung ist in der Nomogrammtafel Abb. 46 dargestellt. Die Konstruktion der Tafel erfolgt in ganz ähnlicher Weise, wie dies bei den Nomogrammen Abb. 7 und 15 ausführlich beschrieben wurde. Der Zusammenhang der Größen und die Reihenfolge der einzelnen Operationen

dürfte mittels eines eingezeichneten Beispiels ohne weiteres zu erkennen sein.

Die Auflösung der Gleichung nach Φ ergibt ebenfalls eine lineare Lösung, weshalb das gezeichnete Nomogramm auch für die umgekehrte Aufgabe, nämlich die Ermittlung des kleinsten Triebraddurchmessers, ohne weiteres verwendet werden kann.

Für die Rangier- und Güterzuglokomotiven mit kleineren Geschwindigkeiten ergeben sich für $v_a = 50$ m/Sek., bei $v_z = 20$ m/Sek. so große Leistungen und Ankerdurchmesser, daß die Motoren über das Umgrenzungsprofil hinausragen würden. Man muß daher im Falle kleiner Fahrgeschwindigkeiten, die auch nur niedere Leistungen erfordern, kleinere v_z wählen, um annehmbare Dimensionen zu erzielen. Insbesondere lassen sich Lokomotiven für kleine Geschwindigkeiten bei Anwendung dieses Getriebes mit einfacher Übersetzung bauen, die im Falle $f = 0$

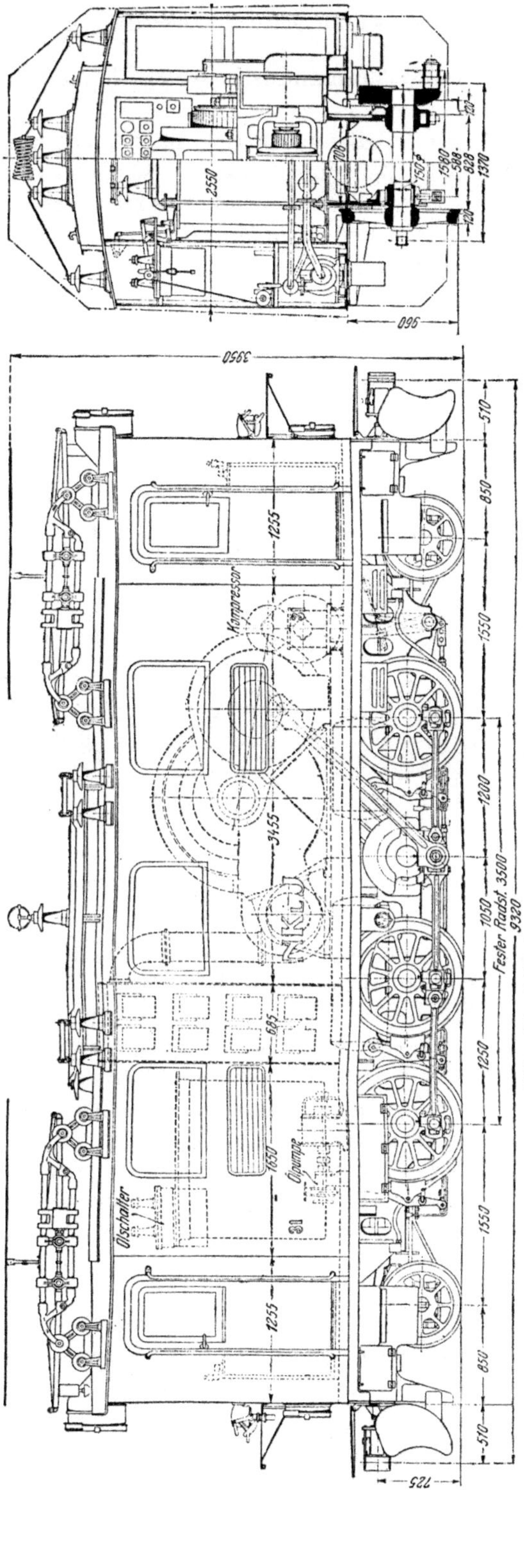

Abb. 47. 1 C 1-Lokomotive der Nordmark-Klarälfvens Järnväg (AEG.)

oder beim Tramantrieb schon doppelte Übersetzung benötigen würden.

Weiter ist dieser Antrieb für Schmalspurbahnen sehr vorteilhaft (Abb. 47). Bei diesen gehen bekanntlich weder die Abmessungen des Wagens noch seine Ladefähigkeiten in gleichem Maße zurück, wie sich ihre Spurweite zur Normalspur verhält. Infolgedessen müssen bei Schmalspurlokomotiven bei kleinen Triebraddurchmessern und Achsdrücken verhältnismäßig große Leistungen untergebracht werden. Durch Hochlagerung der Motorgruppe werden große v_z und damit große Motorleistungen erreicht.

Bei dieser Bauart ist es leichter als bei den vorerwähnten möglich, eine gleichmäßige Gewichtsverteilung zu erreichen, weil weder die

Abb. 48. Triebgestell der C+C-Lokomotive der Berninabahn (BBC.).

Motorgruppen noch der Transformator an ganz bestimmte Stellen gebunden sind. Ein wesentlicher Nachteil des Antriebes ist jedoch das komplizierte Getriebe, welches die genaue parallele Lage von je vier Wellen, die eine große Entfernung voneinander haben, erfordert. Dies macht genau so, wie beim direkt treibenden Motor unter II, 1. eine solide schwere mechanische Konstruktion notwendig, da sonst infolge von Stichmaßfehlern Schüttelschwingungen auftreten können, ganz abgesehen von den größeren Lagerspielen, die bei Schrägstangen stets vorhanden sind. Die Anbringung federnder Glieder hingegen und ihre Einstellung ist hier ungleich leichter ausführbar als beim direkt treibenden Motor, da die Federung der einzelnen Zahnkolben genügt.

Trotz der erwähnten Nachteile ist dieser Antrieb für Schnellzuglokomotiven günstiger als die meisten bisher erwähnten Zahnradkuppelstangenantriebe. Er verleiht der Lokomotive eine hohe Schwerpunktlage und ermöglicht es, die Triebräder nahe aneinander anordnen zu können. Die Lokomotiven können daher meist einrahmig ausgeführt werden, wodurch sie die für den ruhigen Lauf bei großen Geschwindigkeiten erforderliche große geführte Länge erhalten.

Zur Vermeidung der Blindwelle und zur Erreichung eines damit verbundenen kürzeren Radstandes wird auch bei Einphasenlokomotiven mit Zahnradmotoren vereinzelt der △-Rahmen angewendet (Abb. 48). Es erscheint daher ein derartiger Antrieb für kurvenbewegliche Schmalspurlokomotiven geeignet zu sein. Es sind jedoch zwei Vorgelegewellen erforderlich, die zusammen schwerer sind als die gemeinsame Vorgelegewelle für einen Doppelmotor. Ferner muß bei der Kupplung der zwei Motormassen über dem Rahmen wegen der richtigen Einstellung der Federn besondere Sorgfalt verwendet werden, damit Resonanzfälle bei bestimmten Geschwindigkeiten vermieden werden.

Bisher wurden mit diesem Antrieb ausgeführt:

	Bahnanlage	Jahr	Stromart	Zahl der Lokomot.	Achsanordnung	Getriebe
1.	Rhätische Bahn	1913	15 000 Volt $16^2/_3$ Per.	16	1—D—1	2 Motoren 1 Blindwelle Schrägstange
2.	Bernina-Bahn	1917	Gleichstrom 750 Volt	1	C+C	2 Motoren V-Antrieb 1 Blindwelle
3.	Nordmark—Klarälfvens Järnväg	1920	15 000 Volt 25 Per.[1])	15	1—C—1	1 Motor 1 Blindwelle Schrägstange
4.	Deutsche R. B.	1924	15 000 Volt $16^2/_3$ Per.	19	1—C—1	2 Motoren 1 Blindwelle Schrägstange
5.	„ „	1924	15 000 Volt $16^2/_3$ Per.	35	2—B—B—2	4 Motoren 2 Blindwellen Schrägstang.
6.	„ „	1924	15 000 Volt $16^2/_3$ Per.	2	2—D—1	2 Motoren 2 Blindwellen △-Antrieb

In der Tabelle 11 sind die wesentlichen Abmessungen der Motoren und der Getriebe einiger Lokomotiven enthalten, die Bauarten darstellen, wie unter 3. mit überhöhter Vorgelegewelle und 4. mit hochliegenden Zahnradmotoren beschrieben sind.

[1]) Umschaltbar auf $16^2/_3$ Perioden.

Tabelle

Antriebsart	Schlitzkuppelstange	
Anlage	B+B-Güterzuglokomotive Preußen D. R. B.	D-Güterzuglokomotive Schwedische St. B.
Lieferant des elektrischen Teiles	AEG	ASEA
Jahr der Inbetriebsetzung	1914—1921	1920
Spurweite	1435	1435
Stromart	15 000 V., $16^2/_3$ Per.	15 000 V., 15 Per.
Größte Fahrgeschwindigkeit . km/Std.	50	60
„ Triebraddrehzahl . . . Min.	197	235
Triebraddurchmesser	1350	1350
Mittlerer Achsdruck in t	16,7	17,2
Zahl der Motoren	2	2 (1 DM)
Leistung eines Motors in kW: 1 Stunde	370 kW	415 kW
Kühlungsart	k. v.	k. v.
Geschwindigkeit . . . km/Std.	23	30,5
Dauernd	280 kW	330 kW
Kühlungsart	k. v.	k. v.
Geschwindigkeit . . . km/Std.	23	36
Dauerzugkraft	2230	1680
Adhäsion	1 : 7,5	1 : 10,2
Polzahl	16	14
Statoreisendurchmesser, außen	1300	1310
Ankerdurchmesser	1074	1050
Luftspalt	3	3
Kommutatordurchmesser	800	840
Übersetzung, Zähnezahl	89 : 20 = 4,45	111 : 29 = 3,82
Einseitig, doppelseitig, gerade, schräg	d. sch.	d. g.
Modul, Breite	$14\,\pi$, 120	$12\,\pi$, 135
Teilkreisdurchmesser {Zahnrad / Ritzel}	1244/280	1332/348
Zentrale	763	840
Durchmesser der Vorgelegewelle im Lager	200	300
Überhöhung	70	110
tg α	0,0485	0,064
Größte Motordrehzahl	875	900
Größte Umfangsgeschwindigkeit in m/Sek.: Anker	49,2	49,5
Kommutator	36,6	39,5
Zahnrad	12,8	16,4
Kleinster Abstand Zahnradschutzkasten von S. O.	100	100
Entfernung der Motorzentren	—	1420
Ungefedertes Gewicht je Triebachse	2700	—

11.

Schlitzkuppelrahmen	Kándo-Rahmen	Zahnradmotor, hochgelagert mit Blindwelle	
1 - C — C - 1- Güterzuglokomotive Schweizerische B. B.	2 - C - 1- Schnellzuglokomotive Schweizerische B. B.	1 - D - 1, Lokomotive der Rhätischen Bahn Schweiz	1 - C - 1- Lokomotive Nordmark Klarälf Schweden
Örlikon	Örlikon	AEG	AEG
1920	1922	1913	1920—1921
1435	1435	1000	891
15 000 V., $16^2/_3$ Per.	15 000 V., $16^2/_3$ Per.	11 000 V., $16^2/_3$ Per.	15 000 V., 25 Per.
65	90	45	60
255	296	223	318
1350	1610	1070	1000
19,4	18,4	10,345	8,4
4	2 (1 DM)	2 (1 DM)	1
$1^1/_2$ Std. 405 kW	736 kW	258 kW	360 kW
k. v.	k. v.	k. v.	k. v.
35	65	28	30
313 kW	612 kW	184 kW	270 kW
k. v.	k. v.	s. v.	k. v.
35	75	28	30
2180	2000	1200	1100
1 : 8,9	1 : 9,2	1 : 8,62	1 : 7,60
—	—	12	16
1250	1615	1360	1300
950	1300	1134	1074
1,3	3	3	3
660	950	850	800
133 : 33 = 4,03	1 : 2,224	1 : 2,65	83 : 29 = 2,86
d. sch.	d. g.	d. sch.	d. sch.
10 π, 150	— —	— —	14 π, 120
1463/363	1367,33/614,67	1380/520	1162/406
913	991	950	784
240	220	210	180
278,6	220	—	—
—	—	—	—
1030	660	595	910
51,2	45	35,2	51,3
35,6	32,8	26,4	38,2
19,5	21,2	16,1	19,4
200	ca. 350	—	—
1440	1930	1900	—
ca. 2650	—	—	1380

V. Grenzleistungen und Vergleiche der einzelnen Zahnradantriebe.

Aus den Formeln und Nomogrammen, die für die einzelnen Antriebe entwickelt wurden, kann jeweils der größte Ankerdurchmesser bzw. der kleinstmögliche Triebraddurchmesser berechnet werden.

Die jedem Antrieb beigefügten Beispiele geben über die bisher bei den praktischen Ausführungen erreichten Werte der Leistungen Aufschluß. Die dabei verwendeten Motoren sind aber sowohl älteren wie auch neueren Datums und rühren außerdem von zahlreichen Firmen her. Sie sind aus diesen Gründen durchaus nicht einheitlich, sondern nach den verschiedensten Gesichtspunkten berechnet und gebaut. Ein Vergleich der einzelnen Antriebe würde unter Zugrundelegung dieser Motordaten leicht zu falschen Schlüssen führen, auch könnte die Grenzleistungen unrichtig ermittelt werden.

Um einen einigermaßen richtigen Vergleich durchführen zu können, müssen Motoren verwendet werden, die unter denselben Gesichtspunkten berechnet sind. Es wurden deshalb die in Abschnitt III berechneten Motoren benützt (mit $v_{a\max} = 50$ m/Sek.), um bei sechs Zahnradantrieben bei verschiedenen Triebraddurchmessern und Fahrgeschwindigkeiten die größten Ankerdurchmesser zu bestimmen. Die der Übersichtlichkeit halber angegebenen Leistungen sind, wie bereits erwähnt, gute Durchschnittsleistungen, die von der Wahl der zulässigen Materialbeanspruchung und Kühlungsart abhängen. Außerdem wurden die Zugkräfte je Achse ohne Berücksichtigung der Getriebeverluste berechnet und die erforderlichen Achsdrücke unter Benutzung der Resultate der bekannten Poiréeschen Versuche ermittelt.

Die Resultate dieser Berechnungen sind in den Tabellen 12 bis 15 zusammengestellt. Die erhaltenen Leistungen ergeben aber keine absoluten Höchstwerte, sondern sind vorwiegend nur zu Vergleichen der einzelnen Antriebe geeignet, da es nicht möglich ist, die erforderlichen Annahmen der Vorgelegewellen, Triebachsdurchmesser, Zahnkopfhöhen, Federspiele, Toleranzen usw. von vornherein für die möglichen Fälle festzusetzen.

Der Tramantrieb Tabelle 12 liefert beispielsweise bei 1,0 m Triebraddurchmesser so kleine Ankerdurchmesser, daß sechspolige Motoren gerade noch gut ausgenützt werden können und sich noch günstige Lokomotivkonstruktionen ergeben. Insbesondere gilt dies für die größeren Fahrgeschwindigkeiten; bei den kleineren hingegen, die unter 60 km/Std. liegen, fallen die Übersetzungen so groß aus, daß man doppelte Vorgelege wählen muß. Außerdem beträgt bei Annahme von $v_a = 50$ m/Sek. und nur sechs Polen die kleinste Dauerleistung ca. 150 kW.

Bei vierpoligen Motoren ergeben sich so hohe Drehzahlen, daß in allen Fällen doppelte Vorgelege nötig wären. Es ist deshalb bei kleineren Leistungen, wie sie Triebwagen, Nebenbahnen usw. erfordern, zu überlegen, ob ein doppeltes Vorgelege oder ein schlechter ausgenützter Motor mit einfachem Vorgelege vorteilhafter ist. Bisher hat sich stets die einfachste Konstruktion, nämlich ein einfaches Vorgelege und langsam laufende Motoren, als die beste und billigste Lösung herausgestellt. Für Verschiebelokomotiven kommen demnach, wie auch die amerikanische Praxis zeigt, nur Motoren in Frage, die wesentlich kleinere v_a als 50 m/Sek. besitzen. Die Verschiebelokomotiven erhalten der größeren Kurvenbeweglichkeit halber meist zwei Drehgestelle, sie lassen sich beim Tramantrieb nicht nur billig bauen, sondern ihre elektrisch weniger stark beanspruchten Motoren haben eine große Lebensdauer, sie sind robuster und überlastungsfähiger.

Für Gleichstrommotoren gelten ganz ähnliche Überlegungen, es ist nur zu beachten, daß die Grenzleistungen und größten Ankerumfangsgeschwindigkeiten bei kleinen Triebraddurchmessern von den Fahrdrahtspannungen abhängen.

Die Tabelle 12 zeigt ferner, daß es bei Triebraddurchmessern über 1,3 m und bei Fahrgeschwindigkeiten, wie sie für Güterzüge in Frage kommen, möglich ist, so große Leistungen je Achse einzubauen, daß sie bei einem höchstzulässigen Achsdruck von 20 t noch nicht ausgenützt werden können. Die Gewichte der Motoren werden allerdings von einer bestimmten Größe an die Leistungen begrenzen; da diese Frage, wie im Abschnitt IV eingehend erörtert wurde, noch nicht als geklärt angesehen werden kann, wurde hier von dieser Begrenzung Abstand genommen. Es soll nur erwähnt werden, daß ein Motor mit ca. 1 m Ankerdurchmesser rund 6 t wiegt, so daß die ungefederten Massen bei 1,4 m Triebraddurchmesser keineswegs mehr als $5^1/_2$ bis 6 t betragen, die bei 50 bis 60 km/Std. Höchstgeschwindigkeit noch zulässig sein dürften, insbesondere, wenn man die großen ungefederten Gewichte der Schnellzug-Dampflokomotiven (Tabelle 2) bei 110 km/Std. vergleicht.

Bei Schnellzuglokomotiven sind die Zahndrücke kleiner als bei Güterzuglokomotiven; man wird daher das v_z nicht mit 20 m/Sek. begrenzen, sondern höher wählen können, wodurch sich größere Leistungen und Achsdrücke als die in der Tabelle enthaltenen ergeben.

Der Westinghouse-Antrieb, Tabelle 13, liefert von allen anderen Antrieben bei großen Fahrgeschwindigkeiten die größten Leistungen je Achse. Wird nun auch von den praktischen Ausführungen der Nachweis erbracht, daß die Federkupplung imstande ist, die bei großen Achsdrücken erforderlichen Zugkräfte bei einer günstigen Lebensdauer der einzelnen Wickelfedern zu übertragen, so kann dieser Antrieb auch mit Rücksicht auf die Gesamtanordnung der Lokomotive und auf die

Tabelle 12. Tramantrieb.

Φ	$v_{k\max}$	$n_{t\max}$	$v_{z\max}$	D_a in Meter	$n_{\max}$	$ü$	KWdd bei $0,6\,n_{\max}$	Zugkraft je Achse, theoret.	Mind. erfordl. Achsdruck[1]) ca.	a mm	$\sin\alpha = \frac{z}{h}$
1,05	50	252	8,70	0,420	2380	9,40	120	1460	10	183	—
	75	378	14,85	0,495	2020	5,35	150	1220	10	170	0,05
	100	505	19,8	0,580	1740	3,45	180	1100	10	170	0,134
1,2	50	222	10,5	0,605	1575	7,10	200	2450	15	188	—
	75	332	15,65	0,680	1470	4,42	220	1800	14	170	0,062
	100	442	20,8	0,800	1230	2,78	270	1650	14	170	0,150
	125	553	20,8	0,530	1870	3,38	160	735	7	225	—
1,4	50	189	10,9	0,845	1130	6,00	290	3550	22	170	—
	75	283	16,4	0,960	1020	3,60	340	2750	21	170	0,105
	100	378	20,6	0,985	985	2,60	350	2140	18	170	0,120
	125	474	20,6	0,680	1440	3,04	220	1070	10	235	—
1,6	50	165	11,2	1,070	910	5,50	380	4650	29	170	0,038
	75	248	16,9	1,250	775	3,12	470	3800	28	160	0,126
	100	332	20	1,100	870	2,62	400	2450	21	170	0,063
	125	415	20	0,800	1220	2,94	270	1320	12	275	—
1,8	50	147	11,5	1,300	735	5,00	500	6100	38	170	0,05
	75	221	17,3	1,500	635	2,87	590	4800	35	160	0,135
	100	295	20	1,320	725	2,45	500	3060	26	170	0,06
	125	368	20	1,000	995	2,70	360	1750	16	275	—

[1]) Erforderlicher Achsdruck = $K \times$ Zugkraft; wobei K nach Poirée:

km/Std.	30	39	48	60	75
K	6,25	6,8	7,5	8,3	9,0

Tabelle 13. Westinghouseantrieb.

Φ	$v_{k\max}$	$n_{t\max}$	$v_{z\max}$	D_a	$n_{\max}$	$ü$	KWdd bei $0,6\,n_{\max}$	KWdd pro Achse	Zugkraft je Achse, theoret.	Erforderlich. Achsdruck
1,4	50	189	10,9	0,665	1430	7,55	210	420	5 100	32
	75	283	16,4	0,770	1240	4,40	260	520	4 250	31
	100	378	20	0,780	1220	3,23	260	520	3 180	26
	125	474	20	0,425	2240	4,72	120	240	1 180	11
1,6	50	165	11,2	0,910	1045	6,34	320	640	7 800	49
	75	248	16,9	1,060*)	900	3,63	380	760	6 200	45
	100	332	20	0,840	1130	3,40	290	580	3 550	29
	125	415	20	0,540	1760	4,25	170	340	1 660	15
1,8	50	147	11,5	1,150*	830	5,65	430	860	10 500	67
	75	221	17,3	1,330*	720	3,25	500	1000	8 150	59
	100	295	20	1,130*	845	2,86	420	840	5 150	42,5
	125	368	20	0,715	1330	3,60	240	480	2 350	21
2,0	50	133	11,85	1,400*	680	5,10	540	1080	13 200	84
	75	200	17,80	1,660*	575	2,87	660	1320	10 700	75
	100	265	20	1,350*	705	2,66	520	1040	6 350	52,5
	125	332	20	0,865	1100	3,32	300	600	2 930	26,5

Die mit *) bezeichneten Motoren haben nur theoretisches Interesse, sie werden praktisch mit kleinerem Ankerdurchmesser ausgeführt werden.

Tabelle 14. Buchli-Antrieb.

Φ	$v_{k\max}$	$n_{t\max}$	v_z	v_a	e mm	D_a in Meter	h mm	$n_{\max}$	$ü$	kW dd bei $0{,}6 n_{\max}$	Zugkraft je Achse, theoretisch	Erforderlich. Achsdruck
1,4	50	189	11,5	50	30	0,910	— 45	—	—	—	—	—
			11,5	30,7	30	1,120	+ 60	523	2,75	240	2900	17,5
	75	883	17,3	50	30	1,070	+ 35	—	—	—	—	—
			17,3	46	30	1,120	+ 60	785	2,77	360	2940	21,5
	100	378	20	50	30	0,915	— 42	—	—	—	—	—
			20	39,3	30	1,120	+ 60	670	1,77	300	1470	12,5
	125	474	20	50	30	0,570	—215		—	—	—	—
			20	29	30	1,120	+ 60	495	1,04	220	1070	10,0
1,6	50	165	11,7	50	30	1,150	— 15	—	—	—	—	—
			11,7	36	30	1,300	+ 60	530	3,20	350	4250	25,5
	75	248	17,7	50	30	1,360	+ 90	700	2,82	520	4250	31,0
			17,7	50	20	1,300	+ 60	735	2,95	500	4050	29,5
	100	332	20	50	30	1,120	— 30	—	—	—	—	—
			20	41,3	30	1,300	+ 60	606	1,82	400	2450	20,5
	125	415	20	50	30	0,735	—222	—	—	—	—	—
			20	30,3	30	1,300	+ 60	445	1.07	280	1370	12,5
1,8	50	147	11,95	50	30	1,130	—125	—	—	—	—	—
			11,95	40,7	30	1,500	+ 60	520	3,54	470	5750	34,5
	75	221	18	50	30	1,340	— 20	—	—	—	—	—
			18	50	5	1,500	+ 60	635	2,87	590	4800	35,0
	100	295	20	50	30	1,310	— 35	—	—	—	—	—
			20	42,4	30	1,500	+ 60	540	1,83	500	3050	25,5
	125	368	20	50	30	0,900	—240	—	—	—	—	—
			20	31,3	30	1,500	+ 60	400	1,09	360	1750	16,0

Tabelle 15. Zahnradmotoren mit Stangenantrieb.

			$f=0$									$f=0,2$									Hochgelagert mit Blindwelle oder △-Rahmen.								
φ	$v_{k\max}$	$n_{t\max}$	$v_{z\max}$	D_a	$n_{\max}$	$ü$	kW dd bei 0,6 $n_{\max}$	Zugkraft dd je Achse A+A	Erforderlicher Triebachsdruck	Zugkraft dd je Achse A+A+A	Erforderlicher Triebachsdruck	$v_{z\max}$	D_a	$n_{\max}$	$ü$	kW dd bei 0,6 $n_{\max}$	Zugkraft dd je Achse A+A	Erforderlicher Triebachsdruck	Zugkraft dd je Achse A+A+A	Erforderlicher Triebachsdruck	$v_{z\max}$	D_a	$n_{\max}$	$ü$	kW dd bei 0,6 $n_{\max}$	Zugkraft dd je Achse A+A	Erforderlicher Triebachsdruck	Zugkraft dd je Achse A+A+A	Erforderlicher Triebachsdruck
1,05	50	252	10,5	0,450	2120	8,00	130	—	—	1070	6,6	15,8	1,030	925	3,68	360	4300	—	2880	17,5		1,550	615	2,42	590	—	—	4800	29,5
	60	305	12,6	0,475	2000	6,55	140	1420	9,5	950	6,3	16,2	1,030	925	3,03	360	3550	23,5	2360	15,5		1,220	782	2,56	450	4600	30,0	3070	20,5
	70	350	14,6	0,510	1870	5,35	150	1300	9,5	—	—	20	0,965	990	2,82	340	3050	21,5	—	—		0,965	990	2,82	340	3050	21,5	—	—
1,2	50	222	11,1	0,645	1480	6,66	210	—	—	1710	10,5	15,7	1,190	800	3,60	440	5250	—	3500	21,5		1,880*	506	2,28	730	—	—	5940	36,5
	65	287	14,3	0,700	1355	4,72	230	2160	15,0	1440	10,0	20	1,360	700	2,45	510	4850	33,0	3250	22,0		1,360	700	2,45	510	4850	33,0	3250	22,0
	80	350	17,4	0,765	1250	3,57	260	1980	15,0	—	—	20	1,050	910	2,60	365	2800	—	—	—		1,050	910	2,60	365	2800	—	—	—
1,4	50	190	11,4	0,870	1100	5,78	300	—	—	2450	15,0	15,4	1,440	663	3,50	540	6600	—	4400	27,0		2,320*	410	2,15	1000	—	—	8100	50
	75	283	17,0	1,000	955	3,37	360	2940	21,5	1950	14,5	20	1,350	706	2,50	500	4050	29,5	2700	20,0	20	1,350	706	2,50	4050	4050	29,5	2700	20,0
	93	350	20	1,050	910	2,60	365	2400	19,5	—	—	20	1,050	910	2,60	365	2400	19,5	—	—		1,050	910	2,60	365	2400	19.5	—	—
1,6	50	165	11,6	1,100	866	5,25	400	—	—	3100	19,0	15,2	1,680*	568	3,45	645	7900	—	5250	32,5		2,770*	334	2,02	1210	—	—	9800	60,0
	75	248	17,5	1,280	745	3,00	480	3920	28,5	2610	19,0	20	1,600*	596	2,40	610	4950	36,0	3270	23,5		1,600*	596	2,40	610	4950	36,0	3270	23,5
	106	350	20	1,050	910	2,60	365	2100	18	—	—	20	1,050	910	2,60	365	2100	18,0	—	—		1,050	910	2,60	365	2100	18,0	—	—
1,8	50	147	11,9	1,350	705	4,80	510	—	—	4150	25,5	15,0	1,930*	495	3,36	750	9100	—	6100	37,5		3,230*	—	—	—	—	—	—	—
	75	221	18,0	1,580	605	2,74	600	4900	36	3260	24,0	20	1,860*	514	2,32	720	5850	42,5	3900	28,5		1,860*	514	2,32	720	5850	42,5	3900	28,5
	100	295	20	1,320	722	2,45	510	3120	26	—	—	20	1,320	722	2,45	510	3120	26,0	—	—		1,320	722	2,45	510	3120	26,0	2080	17,5
	119	350	20	1,050	910	2,60	365	1880	16,5	—	—	20	1,050	910	2,60	365	1880	16,5	—	—		1,050	910	2,60	365	1880	16,5	—	—

Die mit * bezeichneten Motore haben wegen zu großen D_a als Doppelmotore praktisch keine Bedeutung. v_z ist kleiner zu wählen, wodurch Leistung, Zugkraft und Achsdruck entsprechend sinken.

hohe Schwerpunktlage als eine sehr vorteilhafte Bauart für Schnellzuglokomotiven bezeichnet werden. Auch bei diesem Antrieb wird man bei großen Fahrgeschwindigkeiten größere Werte von v_z als 20 m/Sek. wählen, damit man bei großen Achsdrücken kleinere Triebraddurchmesser verwenden kann.

Der Buchli-Antrieb, Tabelle 14, wurde mit Exzentrizitäten von $e = 30$ mm durchgerechnet. Er ergibt für Fahrgeschwindigkeiten, wie sie bei Personenzuglokomotiven als normal bezeichnet werden können, sehr große Leistungen. Um den Antrieb auch bei Fahrgeschwindigkeiten über 100 km/Std. mit $e = 30$ mm und h von mindestens 60 mm bauen zu können, muß entweder v_a verkleinert oder v_z vergrößert werden; die Zahnradumfangsgeschwindigkeiten fallen aber bei gleichen Leistungen wesentlich größer als beim Westinghouse-Antrieb aus. Weiter müßte noch praktisch erprobt werden, wie sich die mechanische Konstruktion der Kupplung mit dem fliegend angeordneten Getriebe bei der Übertragung größerer Kräfte verhält.

Die kombinierten Zahnrad- und Kuppelstangenantriebe, Tabelle 15, ergeben für $f = 0$ (ohne Überhöhung) bei kleinen Triebraddurchmessern bis zu 1300 mm und für Achsdrücke, die zur Zeit bei uns üblich sind, zu kleine Leistungen. Erst bei größeren Triebraddurchmessern, die aber längere und schwerere Lokomotiven bedingen, sind die Leistungen ausreichend. Bei Schnellzuglokomotiven empfiehlt es sich, größere v_z als 20 m/Sek. zuzulassen, damit auch bei kleineren Triebraddurchmessern genügend Leistung je Achse untergebracht werden kann.

Je größer die Überhöhung f ist, welche die betreffende Konstruktion zuläßt, desto höhere Achsdrücke kann die Lokomotive bei kleinen Raddurchmessern erhalten. Die Überhöhung $f = 200$ mm ergibt hierbei Leistungen, die teilweise größer als beim Tramantrieb sind.

Bei ganz hochgelagerten Motoren sind auch bei kleinen Fahrgeschwindigkeiten so große Leistungen je Achse erzielbar, daß die Motoren über das Umgrenzungsprofil hinausragen würden. Man wird deshalb in solchen Fällen v_z so lange verkleinern müssen, bis die gewünschte Leistung erreicht ist. Diese Antriebe erscheinen auch für Verschiebelokomotiven geeignet zu sein, denn es ist bei nur einem hochliegenden Zahnradmotor und einfachem Vorgelege möglich, denselben voll auszunützen.

Für Schnellzuglokomotiven ist dieser Antrieb, wie bereits erwähnt, wegen seines hochliegenden Schwerpunktes sehr geeignet; hinsichtlich der Größe der unterbringbaren Leistung weisen die einzelnen Abarten der Zahnradkuppelstangenantriebe keine größeren Unterschiede auf.

Die endgültige Wahl des Antriebes für eine elektrische Vollbahnlokomotive, die ein gegebenes Programm zu erfüllen hat, wird noch von anderen Gesichtspunkten beeinflußt, und zwar hauptsächlich von den

Instandhaltungs- und Betriebskosten. Die Entscheidung über diese Fragen, die über den Rahmen dieser Arbeit hinausgehen, kann erst nach sorgfältiger objektiver Prüfung der Erfahrungen getroffen werden, die in mehrjährigem einwandfreien Betriebe mit verschiedenen Bauformen gesammelt werden können.

Literaturverzeichnis.

Ossanna: Die Starkstromtechnik von Rziha und Seidener, Bd. I.
— El. u. Maschinenb. 1916, Heft 31, 32, 33.
Unger: ETZ 1920, Heft 1.
Pirani: Graphische Darstellung (Sammlung Göschen).
Luckey: Nomographie (Verlag Teubner).
Seefehlner: Elektrische Zugförderung.
— El. u. Maschinenb. 1915, Heft 1.
Brecht: Kraftbetriebe und Bahnen 1919, S. 14.
Kleinow: Kraftbetriebe und Bahnen 1910, S. 495.
Döry: Schweiz. Bauzg. 1922, S. 34.
Garbe: Die Dampflokomotive.
BBC-Mitteilungen.
Bulletin Oerlikon.
ETZ Berlin.
El. u. Maschinenb. Wien.
General Electric Review und GEC Bulletin.
Electric Railway Journal.
Carter: Railway electric traction.

GPSR Compliance

The European Union's (EU) General Product Safety Regulation (GPSR) is a set of rules that requires consumer products to be safe and our obligations to ensure this.

If you have any concerns about our products, you can contact us on ProductSafety@springernature.com

In case Publisher is established outside the EU, the EU authorized representative is:

Springer Nature Customer Service Center GmbH
Europaplatz 3
69115 Heidelberg, Germany

Batch number: 10683525

Printed by Printforce, the Netherlands